单兵装备

INDIVIDUAL EQUIPMENT MOOK/008

冷战中的美国步枪

丁远江 著

台海出版社

图书在版编目（CIP）数据

单兵装备. 008, 冷战中的美国步枪 / 丁远江著. ——
北京：台海出版社, 2017.11（2024.9重印）
　ISBN 978-7-5168-1597-7

Ⅰ. ①单… Ⅱ. ①丁… Ⅲ. ①单兵－武器装备－介绍
－世界②步枪－介绍－美国 Ⅳ. ①E92

中国版本图书馆CIP数据核字(2017)第241878号

单兵装备. 008, 冷战中的美国步枪

著　　者：丁远江

责任编辑：阴　鹏　　　　　　　　　策划制作：指文文化
封面设计：王　星　　　　　　　　　责任印制：蔡　旭

出版发行：台海出版社
地　　址：北京市东城区景山东街20号　　　邮政编码：100009
电　　话：010－64041652（发行，邮购）
传　　真：010－84045799（总编室）
网　　址：www.taimeng.org.cn/thcbs/default.htm
E－mail：thcbs@126.com

经　　销：全国各地新华书店
印　　刷：重庆长虹印务有限公司
本书如有破损、缺页、装订错误，请与本社联系调换

开　　本：787mm×1092mm　　　　　1/16
字　　数：203千字　　　　　　　　印　张：14
版　　次：2017年11月第1版　　　　印　次：2024年9月第2次印刷
书　　号：ISBN 978-7-5168-1597-7

定　　价：79.80元

序

我认为这个项目简直是个耻辱，我不是针对陆军，我说的是整个国家。比起卫星、登月舱或导弹系统，步枪应该更容易打造。

——罗伯特·麦克纳马拉

冷战期间，美国人创造了各种工程学上的壮举。SAGE——半自动地面防空系统，连接了数百部雷达，其中心计算机仍是迄今为止（体积）最大的计算机系统。格陵兰-冰岛-英国（GIUK）之间的水道中，数万传感器构筑了一道几乎不可能躲过的潜艇探测网络。"阿波罗"计划则让人类第一次踏上了其他星球的土地。在那个时代，似乎没有美国人干不成的事。

美国是一个枪械王国，历史上曾经出现过无数经典枪械——柯尔特的转轮手枪、温彻斯特的连珠枪、春田的M1903栓动步枪……在这些优秀武器之中，更包括M1加兰德和M16这样有历史性意义的步枪。M1加兰德是第一种大规模列装的半自动军用步枪，标志着军用步枪进入了半自动时代；M16则是第一种小口径突击步枪，拉开了SCHV的风潮。时至今日，AR-15几乎可以说是历史上最成功的步枪。

然而在M1、M16这两款武器之间，美国军用步枪又走过了怎样的发展历程？

正如国防部长麦克纳马拉所说的那样，当时美国并没有造出一款优秀的军用步枪，世界范围内优秀轻兵器的代表是AK-47。而本书就将讲述，为什么一个能造登月舱的国家，冷战期间却造不出一款好步枪。

丁远方

CONTENTS

目录

承前启后

T-20步枪

M1改装型步枪

　　尽管列装之初遇到了一些困难，但M1步枪被采用后，证明自己比同时代的其他步枪更加优秀。不过，该枪还远远算不上完美，首先，M1的导气系统只能说是"还行"，还谈不上"好"，纵观其各种仿制版和改进版，大概只有日本四式半自动步枪照搬了导气系统；再者，虽然从技术层面上讲，M1的火力比二战其他国家的栓动步枪好不少，但在实际运用中仍然不能满足美国大兵的需要，班组火力的支柱还是BAR。因此，对M1的全自动前线改装开始涌现，有些直接采用了BAR的弹匣，以及BAR或"布伦"轻机枪的两脚架。军工界也出现了这样一种思潮，即用加兰德原理的自动武器替代所有现役的轻兵器，包括冲锋枪、M1卡宾枪、M1步枪和BAR，这种想法获得了许多支持。

　　一战结束之初成立的军械局技术委员会（OTC）由军械局和很多陆军勤务部门的人员组成，用于代替军械部。按照其创建者C.C.威廉姆少校（也就是后来的军械局主席）1919年的说法，它的作用是"在武器设计和研发时，在军械局内部"给陆军提供"较以往更强的影响力"。1944年9月，军械局技术委员会提议发展一种基于M1结构的新型伞兵突击部队通用步枪，并提出了一些积极的建议，包括以下几点：

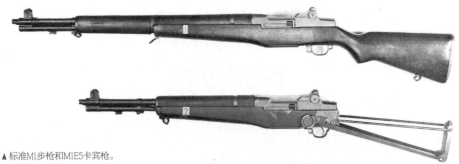

▲标准M1步枪和M1E5卡宾枪。

▲M1步枪使用M7枪榴弹发射器发射M1A2枪榴弹。

▲加兰德最早的M1选择射击步枪。

1. 短枪管和折叠枪托（和美军已经购买并测试的春田M1E5步枪的特性类似）；

2. 枪托折叠时全长为660.4毫米；

3. 能选择射击方式；

4. 应避免走火；

5. 全自动射击时应该开膛待击；

6. 装备两脚架和20发可拆卸短弹匣；

7. 能发射枪榴弹，使用标准的M15榴弹发射表尺；

8. 重量最好不超过4千克。

春田（Springfield）兵工厂1942年5月的月报告就显示，约翰·加兰德（John Garand）已经开始改装自己的M1步枪，采用了BAR的20发弹匣。报告中写道，他的改装型使用了BAR的枪管，并警告使用容量更大的20发弹匣时，"可能会因为过热和走火引发问题"。加兰德先生写道，由于枪机需要从BAR弹匣更长、更重的弹堆中推出弹药，因此后膛机构的磨损率增加了。由于春田兵工厂内部的官僚机构问

◀▼ 编号为"8"的
T20步枪，使用试
验的班内型瞄具。

► 带M81/82瞄准
镜的T20步枪。

题和优先度的改变，盒状弹匣式M1项目在
战时被多次重命名。之后，此项目只有在
接下来2年的兵工厂进度报告中还略有提
及，因为其他工作总是显得更加紧迫。

军械局技术委员会1944年的"9磅
重量"提议给该计划打了一剂强心针，而

且立即就从勒内·斯塔德勒上校（Rene
R. Studler）的研究和发展办公室得到了
回报。其中之一便是1944年5月直接分
配给春田兵工厂一个新步枪项目，官方名
称是T20（同期开展的另一个项目是雷明
顿公司的T22）。

U.S. Rifle, Caliber .30, T20

M1步枪20发短弹匣型的最初报告，也就是上文所说的约翰·加兰德1942年给军械局的回复，已经记录到步枪全自动射击时在供弹阶段特别敏感。由于BAR的20发弹匣中排列的子弹更多，不能像较轻的M1步枪枪机那样在供弹阶段空出足够长的时间，供下一发弹药被顶起并上膛，所以卡壳故障频发。约翰·加兰德报告说需要重新设计弹匣或其弹簧，使机构更加坚固，但这样非但无法如愿兼容BAR的弹匣，还会加重后膛机构的磨损；或者，可以重新设计M1的后机匣，把它拉长一些，让枪机后坐距离更长，给弹匣中的子弹更多时间来上升[①]。但在1944年，加兰德实际上别无选择，斯塔德勒上校更希望T20能通用BAR的弹匣。因此，看起来只能增加机匣长度了。春田兵工厂1944年9月的进度报告证实了这一点："T20最初型号的工作已在车间内开始。机匣长度会比M1更长……已经根据M1步枪供弹的时间间隔测算了数据。"

最初的T20机匣比标准的M1步枪机匣长了7.938毫米。T-20于1944年10月在兵工厂进行了验证和测试，在接下来的几个月，它被送到了马里兰的阿伯丁试验场进行测试。约翰·加兰德这样实现全自动/半自动射击切换：设置一个独立的阻铁释放器，和一个位于机匣侧面的平面连接

▲ 春田兵工厂的T20步枪。

器相连，连接器由导气杆上一个额外的轴套驱动。这样一来，只有枪机完全闭锁且枪机框已经经过闭锁突笋，走过最后几毫米的自由行程后，自动机构才会被激活。T20使用M1E3的闭锁突笋，全自动射击时为开膛待击，半自动射击时是闭膛待击。该枪也配有一个制退器，这个制退器反过来要求使用一种新的导气筒闸。加兰德最初的制退器相当笨重，也无法安装刺刀、消焰器或枪榴弹适配器。

U.S. Rifle, Caliber .30, T20E1

阿伯丁试验场的试验记录中提到，T20步枪的枪口焰、后坐力、枪口气浪、枪口上跳都超标了。急促射击时过热是一个问题，全自动时的开膛待击也未能降低走火概率；另外，开膛待击的装置也有一定问题，枪机可能会因为射击者松开扳机的时机不同，停在开膛或闭膛的位置。不

---

① 在那段一去不复返的"美好往日"（good old days）中，由相同问题造成的卡壳故障可以用另一种方法解决：军械局的霍金斯中尉在1910年设计的步枪上，简单地通过缩短弹壳长度解决了问题！

过，战时状况窘迫的阿伯丁试验场还是得出结论，机构的基本原理尚且令人满意，并称"供弹问题主要是使用变形的BAR弹匣所致"。他们推荐进行一些特定的、相对较小的设计变更，并且强化若干部件，这些改进应该马上实施。

整个项目的目标是在M1步枪的基础上，创造出一支可靠的全自动步枪，并尽快地送到还在欧洲和太平洋作战的美军手中。军械局技术委员会在阿伯丁通报了T20测试的结果后，马上提出了几条更加天马行空的要求，比如短枪管和折叠枪托。约翰·加兰德从阿伯丁拿到修改建议后，立即开始制造第一支修改版，也就是T20E1。他最初想的是让T20E1满足所有的修改建议，然后尽快进行测试并通过；继而以最快的速度制造10支步枪，进行有限的部队测试；再预生产100支步枪，来为最终定型版本的大规模生产做准备。斯塔德勒上校在战后的报告《陆军军械局研究和发展中心记录，1946》中这么描述T20E1：

（我们）根据之前的测试结果，得出了一系列（新式步枪）应该具备的理想特征。T20E1符合这些特征，半自动射击和全自动射击都是闭膛待击，也就是去掉了之前全自动射击时让人不满的开膛待击，取而代之的是在枪管上靠近弹膛的位置开了两个散热槽。另外，机匣也经过了进一步改装，简化了把扳机组件锁在机匣上的操作，引入了一种更安全的方法来把盒状弹

▲ T20E1步枪。

▲ T20E1的保险。

▲ 卧姿试射T20E1步枪。

▲ T20E1分解图。

匣挂在弹匣井上。同时，机匣上能够安装望远式瞄准镜、夜视瞄具或是可能需要的榴弹发射表尺。制退器进行了改装，可以安上刺刀。但是，T20E1步枪仍然不能安装枪榴弹适配器和消焰器。新发展了一种替代改装版BAR弹匣的盒状弹匣，以适配新的弹匣固定方式，而且这种弹匣能在枪机后退到底的时候将其挂在后部。这种弹匣和BAR的弹匣不通用。T20E1步枪可以安装一款可调式两脚架，两脚架连接在导气筒上，但并不是很容易拆卸。

1945年1月22日—26日，T20E1步枪在阿伯丁试验场的军械局研究中心进行了测试。这款选射步枪[①]各个细节都很完善，除了供弹故障，其他测试结果都很不错。供弹故障则是枪机与枪管之间的承力面太软所致。出于服役测试之需，在10支T20E1上授权进行下列小修正与改进：

1. 增强了枪管弹膛后部的硬度；

2. 增长了两脚架的长度，以获得更好的火线高度；

3. 重新设计导气筒和导气筒螺锁的分解方式，以实现附件的快速安装和拆卸；

4. 改进护木以防止炭化。

斯塔德勒上校1946年的报告继而叙述了后续改进，即T20E1到T20E2的变化：

步兵局和海军陆战队装备局对T20E1的进一步测试催生出了T20E2，改进如下：

1. 弹匣和BAR不再通用；

2. 改变了弹匣卡笋的形状，以免因粗暴操作而意外掉落或损伤；

3. 证明了将枪机框保持在后部的可行性，这样就能以规范的方式清洁步枪了。

春田兵工厂1945年4月的进度报告中记录到，他们努力执行新的紧急计划，来给有限的部队提供令人满意的T20步枪：

另外9支T20步枪已经完成，8支已经依照SPOTS（斯塔德勒上校办公室）的指示运出。

这个项目上的工作在原型枪车间一直拥有很高的优先度。我们获悉T20E1在本宁堡（Fort Benning）完成测试后，就会在兵工厂召开一次有SPOTS、陆军和本宁堡代表参加的会议，讨论需要在T20E2上实现的改进。可以预见，本宁堡测试后，会改造订单中已有的100支步枪的零件。

▲T20E2步枪右视图。

① 选射步枪(selective fire rifle)，即可选择全自动射击和半自动射击的步枪。

U.S. Rifle, Caliber .30, T20E2

德国于1945年5月8日投降，宣告欧洲战事结束。9天后，军械局技术委员会建议有限地采购10万支T20E2选射步枪，要尽可能快地准备好这些步枪，以协助美国接下来对日本的战争。虽然还在进行测试和改装，但春田兵工厂1945年6月报告说已经完成了10支T20E2步枪，然后火速"送到力登兵工厂去准备材料注意事项的测试"。这些注意事项由力登兵工厂的发行部负责，最后写成了47页的美国陆军部技术公报《TB 9X-115，.30口径T20E2步枪初步说明》。T20E2的弹匣经过重新设计，可以适配M1918A2轻机枪，但是BAR的弹匣不能用于T20E2步枪。制退器经过改进，可以安装各种辅助装置。机匣上有一个主动的导气杆锁，可以将枪机挂起空出，以便进行手册上的清洁程序，或是在急促射击后冷却枪管。

1946年的报告中，斯塔德勒上校对T20E2发展的评价始于1945年5月8日OTC订购10万支T20E2步枪：

为了加快T20E2的供应速度，装备战区内的部队，军械局技术委员会于1945年5月建议有限采购.30口径T20E2步枪，一共要10万支包括备用零件和附件的步枪。这项采购的优先度很高，还因此削减了M1步枪在现有军事供应方案中的制造数量。但是，由于1945年8月14日[①]日本投降，这个

① 美国时间8月14日。

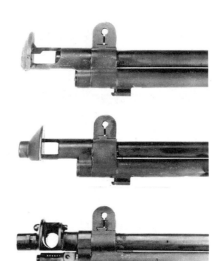

▲ 枪口制退器的变化，从上到下依次是：T20、T20E1和T20E2。

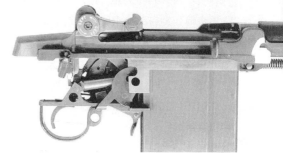

▲ T20E2击发组件在自动（上）和半自动（下）状态下的对比。

▲ FG42自动步枪后期型。

订单被取消了，当局只批准完成最初的100支步枪。

1945年7月完成了10支T20E2步枪，其中7支送到阿伯丁试验场进行测试。测试结果显示需要进一步改进两个零件，即枪口制退器和护木。使用之前的制退器（的步枪）射击时，射手耳边会有令人不适的气浪。护木的问题是连续射击时会过热，且木质部分会炭化。

剩下90支步枪的生产计划会被暂时搁置，直到设计出能完全克服上述问题的制退器和护木，并完成合适的枪榴弹适配器、消焰器和两脚架。

一款4.54千克重、使用全威力弹的抵肩步枪在全自动射击时，总是会出现各种各样的问题。或许最引人注目且让人不适的，就是那令人生畏的枪口气浪以及.30 M2全威力弹带来的严重枪口上跳。阿伯丁试验场为T20E2测试了至少6种不同的枪口装置。他们1945年8月29日提交的20页

报告（见009页）就表现了试验场在这个问题上所付出的努力，也让我们看到了问题的严重性。

日本投降之后，为部队赶制选射步枪的压力消失了。战后不久，美国陆军军械局（R&D）主席斯塔德勒上校就发布指令，让两支"改进版"（G型）FG42参加阿伯丁试验场的美国标准自动步枪测试。他很想知道，德国在战争末期研发的FG42和美国最新发展的步枪（即使用.30 M2弹的T20E2）谁更胜一筹。经过一系列紧张的测试之后，FG42当然暴露了一些问题，但也留下了一些有趣的结果。

首先，FG42进行半自动射击时精度和T20E2步枪相当，而全自动射击时精度很不错，在相同条件下优于T20E2步枪。报告中认为，FG42的制退器效率很高，且全枪的结构较为合理，以各种姿势射击时都很稳定，后坐力较小①。另外，该枪在标准降雨测试中表现良好，在相同条件下优于

① 需要说明的是，这次测试使用的7.92毫米弹药有很大一部分是西部弹药公司为国民党政府生产的，对应的德国规格类似于S轻弹，而不是sS重尖弹。

春田兵工厂1945年8月29日提交的报告

春田兵工厂弹道研究实验室备忘录

主题：.30口径T20E2步枪各种枪口装置的气浪和枪口焰测试。

通过电气石计来测量枪口气浪，电气石计上带有一个能记录信号的鼓轮式摄影机。一次只发射一发。在下列方位放置电气石计：（1）枪口外和枪管成90度角；（2）枪械的斜后方，枪管与电气石计的连线和枪管成45度角；（3）枪口后部，电气石计就在枪械的中轴线上。这些地方摆放的电气石计高度都相同，左右都有放置。在枪口外45.72厘米、83.82厘米和109.22厘米处放置电气石计，总共有15个位置。在最初的射击测试中，每个位置都要打3发，每种枪口装置都发射了84发（注意：由于空间不足，枪口外和枪管成90度角，距离109.22厘米的位置没有进行射击和测量）。所有结果均以伏特作为计量单位。

使用的枪口装置如下：

1号枪口装置是标准型制退器；

2号枪口装置是O.C.O的改装版，反射隔板更小，前部的反射隔板比标准型更厚。如图示上所见，两边都切去了1/4个圆，所有的角都打了圆角。前后板之间上部的连接和下部的平板都打了圆角；

3号枪口装置是使用了更大反射隔板的标准枪口装置，外形则和2号基本相似；

4号枪口装置的反射隔板大小和2号一样，只是前板的角上打的圆角更为圆滑；

6A型枪口装置去掉了前部反射隔板，在后反射隔板和底部平板间以30度焊接了两块钢板；

6B型枪口装置是在6A的基础上加上了一个气体通道，以从枪口前部的榴弹适配器上泄气，倾斜30度的钢板被削去了1/4。

除了测试枪口气浪，还测量了使用每种枪口装置时的枪口上跳程度。测量时以枪托为轴，在枪口用一根弹簧平衡枪支的重量。单发射击，使用测针来测量枪口上跳的量，也可以测出给枪托上轴冲量的大小。结果用表格记录，单位是英寸（下表中已换算成公制单位），无枪口装置时的上跳量记为100%。所得数据和枪口气浪一起记录在表。

在不了解枪口气浪和枪口上跳数据的情况下，射手还要对各种枪口装置进行视觉、听觉上的主观观察和评估，他们的观察结果会和试验结果进行对照。结果如下：

制退器	枪口上跳（毫米）	枪口上跳（百分比）	枪口后83.82厘米和枪同高处的枪口气浪（百分比）	枪口后83.82厘米高于枪45.72厘米处的枪口气浪（百分比）
无	35.56	100.0%		
1号	3.3	9.3%	100%	100%
2号	9.14	25.7%	82%	60%
3号	5.84	16.4%	101%	69%
4号	10.92	30.8%	71%	48%
6A号	8.64	24.3%	69%	33%
6B号				32%

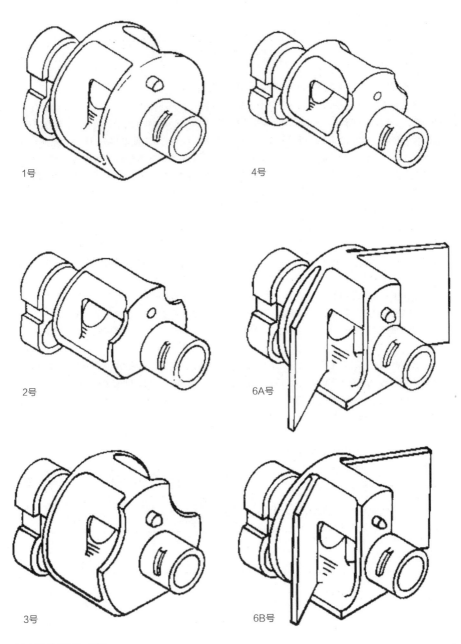

1号

4号

2号

6A号

3号

6B号

▲ 参加试验的6种枪口装置。

▲ T20E2的枪口制退器。

▲ T20E2的机匣。

T20E2步枪。从某种意义上说，这倒也不难理解，FG42从立项、设计到装备都是围绕德国空军展开的，而T20E2还是脱不开M1改进型这个范畴；因此，T20E2在一些方面逊于FG42倒也在情理之中。

在1945年12月的月进度报告中，春田兵工厂表明了他们对T20E2项目的态度和立场：为100支T20E2步枪设计的零件中，通过测试的均已完成，步枪也组装完毕，制退器和护木的额外设计工作也在开展。按照OCO的指示，现在还没有运送出一支枪，要等到所有零件和附件都得到完整的发展，并被认为可以接受现役人员的测试为止。两脚架的设计工作正在积极进行中，但还没有在车间开始任何工作。现有的一款制退器的反射挡板直径会被改小，

再和现有的设计进行对比测试。枪榴弹适配器的设计工作已经完成，并加入了主动闭锁装置，这种装置能防止顺递时针旋转枪榴弹可能造成的意外开锁。这些零件在车间内的完成度大约是80%。消焰器也差不多完成了80%，设计正在等待地面测试检验。相应的组合工具也完成了初步设计，制造了最初的原型；还研究了进行额外改进时如何最大限度地利用现有的工具。能容纳在枪托中的清洁杆也完成了初步设计，正在制造最初的原型。

战争的结束给了人们更多机会来探索新的、能从根本上解决理想抵肩步枪问题的方法。基于.30 M2弹的项目退居次要位置，以"更彻底地改善美国军用轻兵器的政策"。T20E2步枪从未被大量生产过，只有那100支春田生产的原型枪在接下来的9年内接受了各种各样的改装，多次更换枪管，并充当后续加兰德结构T系列步枪的试验平台。实际上，直到1954年T44E4步枪（M14的前身）出现，这个优先度低、资金投入不足的项目才找到了继任者。

加兰德的T20E2 HB

1948—1950年间，约翰·加兰德除了继续T35（另外一款M1步枪的改进实验型）的工作之外，还在进一步发展.30 M2口径的T20E2。在这段时间内，他在T20E2的基础上应用了自己设计的重枪管、射速减速器以及其他一些改进。和T20E2 HB进行对比的武器自然是BAR，两者在春田和阿伯丁试验场都进行了测试

并记录成档。春田兵工厂于1953年5月6日发布了报告《No.SA-MR11-2800》，主题是"对比.30口径T20E2 HB步枪和BAR的表现"。参加测试的T20E2有两支；一支是重枪管型（序列号No.125），另一支是标准枪管型（序列号No.98）。报告这么描述T20E2 HB步枪：

▲ T20E2 HB左视图和右视图。

提交的步枪是.30口径T20E2步枪的重枪管型，另外还有其他很多改装。

T20E2 HB步枪可以半自动或全自动射击，弹匣供弹。弹匣从底部插入，容量为20发。这款武器的很多零件都和M1步枪相似，特别是那些与机匣相关的组件。

T20E2 HB步枪的主要改进有如下几点：

1. 通过延迟阻铁松脱来降低武器射速的减速器；

2. 新式的导气筒和枪管连接方法（在导气筒和枪管之间有一个锥形契合件，这种设计可以防止导气筒和枪管之间漏气，因此无须很精确的制造工艺也能使驱动导气装置的力更均匀。另外，由于径向配合能容许一定的偏差，所以准星的横向偏移问题也解决了）；

3. 直导气杆筒壁和手柄部分的壁更厚了（这是为了减小导气杆在开火时的形变，此外，上导气杆在实际使用中的弯曲和误操作概率也降低了）；

4. 重新修改过的枪机开锁凸轮（导气杆重量的改变和重新修订的枪机开锁凸轮能使枪机开锁得到延迟，这个机构减少了枪机被弹出的概率，使运作速率更均匀。

另外，修订版枪机解锁凸轮和更重的直导气杆应该还能提升步枪在恶劣环境下运作的可靠性）；

5. 重新设计了导气活塞，以简化清洁步骤（清洁时不必再移出、分解活塞）。对于日常维护来说，在活塞前滴入几滴油就足够了；

6. 消焰器改为整体式，和武器相连接；

7. 重新设计了枪榴弹适配器（现在还在测试阶段）；

8. 重新设计了两脚架（现在还在测试阶段）。

春田兵工厂提交了T20E2 HB和BAR，并完成了全部性能测试后，在报告中这样总结道：

T20E2 HB的总体表现和BAR相当。在所有测试中，T20E2 HB的表现都至少和BAR一样优秀，在一些测试中，它的表现更优秀。我们认为，进行下列改进后，T20E2 HB的表现还能提升：

1. 重新设计弹匣，减少弹壳和弹匣内壁的接触；

2. 降低射速减速器机构对沙尘的敏感性。

T20E2 HB在下列方面优于BAR：

1. 它更轻；

2. 出于以下这些原因，该枪用途更加广泛：

（1）可选择半自动或全自动射击；

（2）可发射枪榴弹；

（3）可被用于远距离狙击。

阿伯丁试验场也在1953年12月1日发布了T20E2 HB的评估报告，由军械局工程师L.F. 摩尔（L.F. Moore）起草。报告中写道，测试使用的T20E2 HB序列号为No.120。1953年7月3日—10月14日，该枪在阿伯丁发展与验证服务中心（D&PS）接受测试。摩尔先生这样形容加兰德设计的射速减速器：

扳机组件上增加了几个部件作为射速减速器单元；和扳机同轴的地方安装了一根较大的、弹簧负载的杠杆。枪机后坐时，这根杠杆被枪机推到后部，并被阻铁释放器挂在后方。若转换杠杆设在半自动装填，阻铁释放器会将杠杆锁在后部，使其无法操作；全自动射击状态下，导气杆向前复进时，阻铁释放器会和杠杆分离。

然后杠杆在一根轻弹簧的带动下向前运动，击中阻铁的下端，阻铁上的销旋转，和击锤分离。由于杠杆下落和阻铁与击锤分离需要更多的时间，所以射速下降。在之前的T20E2步枪上，阻铁释放器和阻铁直接接触。

摩尔先生在他的报告里并不是简单地对比了事，而是走得更远，他指出T20E2的重枪管比BAR的枪管更轻、零件更少，但从长远来看，并没有明显的优势：

T20E2（下文的T20E2都是指T20E2 HB）的精度并不好。不过只用一个样品就得出这款型号的平均精度是不可能的。但是，提交测试的步枪半自动精度和M1步枪的平均水平相当，全自动精度则差于M1918A2轻机枪。

另外，T20E2步枪在战斗精度测试中以不同的条件射击时，弹着点变化很大。T20E2在5种情况下射击时的平均弹着点和正常位置[①]之间的距离是M1918A2轻机枪的两倍。拆掉两脚架在枪架上扶持射击时，T20E2弹着点的平均变化量超过了8度。

▲ 加装瞄准具的T20E2 HB步枪。

① 这个"正常位置"是指打一组子弹，然后通过计算方法画出的弹着点中心。

T20E2步枪在设计上融入了很多M1的要素，因此，可以猜到其很多表现应该也与之相似。在前线维护清理时每次都要移去枪托，从精度的角度来讲这是不好的。还有，使用扳机护圈来钳紧机匣和枪托，会导致枪管、机匣组件与枪托之间产生位移。枪托和导气筒之间的连接设计得也很差，枪托的任何翘曲变形都会影响对枪管的压力，以至于改变枪械射击的弹着点分布。在生产时使用其他材料来替代木头能缓解上面提到的这些设计问题。一些射手抱怨道，射击时他们的脸会不舒服。枪托的设计也不能优化全自动时的射击精度，枪管轴线和枪托轴线之间有很长一段距离。M1的枪托底板并不是很好，射击时有从肩膀滑脱的倾向。

在全自动射击状态下进行射速测试时，T20E2步枪效率比M1819A2更低。而T20E2半自动射击时，比全自动射击效率高很多。半自动射击时，T20E2步枪在1分钟内对100码（91.5米）外目标的命中数比之前测试的任何一款步枪都多。

这款武器和之前提交测试的步枪（比如FN T48、T44和T47）之间的主要区别是，T20E2步枪更重，并且使用两脚架。T20E2额外的重量是一个优势，使步枪承受后坐时瞄准线位移更小。其他更轻的步枪使用新开发的弹头更轻、后坐力更小的弹药（也就是后来的7.62毫米NATO），因此，重量造成的差距也因为弹药的不同而得到了一些补偿。两脚架在T20E2上的运用对半自动射击的效率帮助很大。这说明进

行精确半自动射击时，两脚架会是很有用的附件。另外，对于训练有限的部队，步枪上的两脚架也有利于其精确射击。这是因为比起射手完全靠自身来支撑的步枪，用两脚架部分支撑的步枪进行精确射击时需要的技巧更少。

据观察，T20E2的弹匣比M1918A2的弹匣更难塞入机匣，这是因为弹匣必须要顺时针旋转一定角度，通过弹匣前的孔与导气杆簧导轨相契合。在T20E2步枪上，托弹板在最后一发子弹射出后会卡住枪机，后坐部件会被挂在机匣后部；但是，如果把弹匣移去，后坐部件就会向前运动。这就要求移去空弹匣、安上满弹匣时，后坐部件要手动挂在机匣后部。后坐部件可以通过导气杆锁挂在机匣后部。不过，这需要将导气杆拉到最后，再旋转导气杆锁。同样，可以通过旋转导气杆锁来释放后坐部件。这个设计可以通过增加一个枪机阻笋来大幅改进，枪机阻笋可以在空弹匣被移去后把后坐部件挂在后部，之后就可以塞入新的实弹匣，释放后坐部件，完成第一发子弹的上膛。据观察，在射速测试中，装填T20E2步枪消耗了很多时间。由于这个原因，T20E2步枪全自动射击时也许只能比半自动射击多发射25%的子弹。考虑到装填所需的时间，在任何情况下都只进行精确瞄准射击应该更好。测试中使用M1918A2和T20E2步枪全自动射击时，由于枪械振动、枪口烟雾和气浪的影响，会很难再看清目标；气浪出现后，枪手只能凭感觉调整射击指向。对移动目标进行全自

▲ 美军用缴获的
PTRD反坦克枪
和美军制式两脚
架、瞄准具改装
成的狙击步枪。

动射击效率会比对静止目标进行全自动射击更低。由于和全自动射击比，半自动瞄准射击所需的时间多不了多少，因此这款武器全自动射击功能的价值值得商榷。

T20E2步枪在常规情况下、降雨情况下和极寒条件下的可靠性表现不错，但暴露在沙尘和泥浆中时表现很差；M1918A2轻机枪在常规和降雨情况测试中的可靠性表现和T20E2相当，但在极寒、沙尘和泥浆条件下表现更差。两支枪都不能防止异物进入自动机构。

实际上，T20E2和M1918A2的弹匣中都可以装下21发子弹。但在测试中，只在一个弹匣里装入20发。

T20E2对M1918A2只有很少（如果有的话）的总体优势，不过还是认为这种样式的步枪经过发展后能变得很不错。一款配备两脚架的极精准步枪用于狙击或是精确射手射击时会很有效率。朝鲜战争的情况显示，现在有对更精准武器的需求。前

线的个别美军部队改造自己的步枪和缴获的敌军步枪，这些改造被证明是起作用的。M.N.威克利和W.S.布罗菲上尉都收到了要求开发和验证这种武器的建议。朝鲜战场上，双方都使用了苏联反坦克步枪的机构、.50机枪的枪管和望远式瞄准镜。

像T20E2这样大小、重量的步枪可以从以下几个方面进行改进：

1. 600码（548.6米）以内的精度（以最大散布计算）在2分或更小的范围内，在各种大气条件下弹着点要集中。因为现在部队手上的任何武器使用多数种类的弹药时，精度都达不到这个标准，有必要从大量弹药中挑选或是制造精度更好的弹药。

2. 不拆卸枪托的情况下，能方便地拆解和组装活动部件。

3. 应该设计一种射击时能使对目标偏移量最小的枪托，还要能较舒适地和射手的肩膀配合，并使用舒适的防滑枪托板。

4. 两脚架和枪管分离，防止其改变弹

着点。

　5. 更方便的装填和再装填方式。

　6. 使用其他材料而不是木头制造枪托，要在各种大气条件下都不发生明显的形变。

　7. 防止外物进入机械结构。

　摩尔先生非常中肯的评价被一如既往地无视了，有趣的是，当时唯一能在弹匣打空时挂住自动机构，并在插入新弹匣时自动释放机构，完成首发上膛的是英国EM-2步枪，而该枪却因为美国推动的北约一体化而最终流产。EM-2的设计显然领先于时代：枪托和枪管轴线成一条直线，有防尘盖。在摩尔先生眼中，这些正是该枪在设计上相对于传统美国武器的优势。不过，虽然.30 M2 T20E2 HB的发展最后走入了死胡同，但在T20E2 HB项目上所做的研究收获颇丰；实际上，得益于此，后来T44步枪的重枪管型号只花了很少的预算。

尾声

　一直以来都有这么一个说法："假如20世纪60年代和70年代的美军并不是在潮湿阴暗的越南丛林，而是在开阔的中东沙漠打仗的话，那么现在美国大兵手上的武器估计仍会是中、远程威力和精度俱佳的M14。"这种说法其实并没有多大意义。同样可以说，假如二战进行到1946年，那

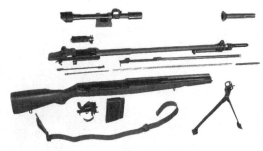

▲ T20E2 HB分解图。

么军械局"钦定"的T20E2就能够服役，M14大概根本不会出现。

　事实上，T20E2诞生没多久就已不再是什么先进的单兵武器了。军械局研发新步枪的思路让人不敢恭维：M1步枪火力不足，那么就添加全自动射击；既然是M1的继任者，那么自然重量要比它轻，精度要比它高。殊不知，T20E2问世后不久就出现了EM-2和使用.280弹的FAL这类突击步枪，更不用说苏联已经投产的AK步枪。T20E2的性能很难和新一代突击步枪匹敌，一些美国人或多或少也注意到了这一点。但实际情况是，美国人未来会继续开展T44步枪项目，并最终演变成出生即落后的M14，在此之前还要一直使用更落后的M1步枪。T20就是这样承上启下的一步——承接成功但需要改进的M1加兰德步枪，引出更显落后的T44步枪（实际上T44步枪的机匣最初就沿用自T20E2），最终拉开了M14痛苦发展史的序幕。

群雄逐鹿
第一次北约选弹

.30口径"轻量化"弹药

使用一支4.54千克重、发射7.62毫米口径M2弹的抵肩步枪进行全自动射击时，遇到的噪音、枪口焰、后坐力、枪口上跳过大的问题已经引起了注意。不过，从T20E2的情况来看，如果战争持续足够长的时间，这样一款选射步枪毫无疑问会被列装，并受到部队的欢迎。

斯塔德勒上校在战时的一项重要工作，就是权衡生产与研发之间的关系。以战争期间M1枪机的"冻结"问题为例，春田兵工厂在重压之下花了很多时间来解决它，以至于在其他项目以及新装备的研发

上投入的时间减少了。实际上，一个名为"研发.30口径步枪改进设计"的项目在春田兵工厂1944年6月的月报告中就已经被列入了"计划中"；该项目的代号为"T7步枪"，但直到战争结束，周报上有关T7步枪的内容都只有一个词——"闲置"。T7步枪还没有诞生，项目就在1945年被终结了。

美国军事机器的威力尚未完全展现，到1944年年底，战争的结束就只是时间问题了。斯塔德勒上校为了终战时不至于措手不及，已经开始构思一款新型现代抵肩射击武器的概念，战后美军只装备这一款

武器，就能执行大多数任务。这款未来武器的研发关键就是"轻量化弹药"。这种思路可能源于德国战争末期的武器，不过美国的发射药更先进，能在弹壳更短的情况下，达到和.30 M2弹一样的弹道。后一条是美国军方着重强调的：他们坚决反对那种"突击步枪"（Strumgewehr）的思路，即通过减少射程和发射药来获得武器可控性和通用性。

1944年3月31日，军械局首席办公室（OCO）给法兰克福兵工厂（Frankford Arsenal）寄了一份备忘录，要求"验证.300口径萨维奇弹装填.30口径弹头（M2）时的弹道性能"，该项目的优先度很低（E级）。当时，军械局已经对"在设想中的轻型步枪上使用.30口径短弹"这一想法感兴趣了。几年来发射药不断发展，

标准的.30弹内已经不需要装满发射药，而富裕的空间经常导致更大的弹道偏差；另外，缩短弹药能显著减少材料的用量和重量。这些因素让军械局研发部门在1944年开始策划更短的.30口径弹。法兰克福兵工厂的工程师已经通过设计研究证明，即使把弹壳缩短12.7毫米，其容纳的发射药仍能将9.72克的M2弹头加速到.30-06子弹的速度。从武器设计的角度来讲，更短的弹壳可以让机匣更短，活动组件运动距离更短，武器系统更轻。

1944年夏季，.30短弹的总长度被定为72.39毫米，然后法兰克福兵工厂从西部弹药公司买了一堆.300萨维奇弹弹壳来装填，项目的编号是3/329。兵工厂将会验证各种发射药，目标是尽可能符合现役.30口径M2弹的初速和膛压。

▲ 德国STG44突击步枪。

▲ 使用STG44的德军装甲掷弹兵，隶属党卫军第12"希特勒青年团"装甲师第26装甲掷弹兵团。

斯塔德勒上校

勒内·斯塔德勒上校在战争期间的履历堪称典范，对于上校管辖的军械局研究和发展办公室，得胜的美军就算不是感恩戴德，至少也是持赞赏态度。举个例子，对.32温彻斯特半自动运动步枪弹的设计测试1940年才开始，翌年9月，广受欢迎的M1卡宾枪便被军方采用了。之后，"美国的斯登"——由乔治·海德（George Hyde）设计的.45口径M3冲锋枪，也通过和民营制造商——通用汽车公司的转向灯部门合作，迅速投入量产。斯塔德勒上校也认为自己通过支持57毫米和75毫米无后坐力炮（当时美国军械局最成功的研发项目）的研究和快速开发，拯救了很多美国士兵的生命。而在和平时期，一个像斯塔德勒上校这样身居美国军械局轻兵器研究和发展部门主席之位的人，可以说拥有不受限制的权力。

▲ 斯塔德勒上校。

斯塔德勒上校把自己的工作定义为"准时地把不可能的事情变成可能"。这就像走钢丝，需要很高的技巧：对于他的下级来说，斯塔德勒上校的权力越来越大，也有人因为不遂其愿而受苦；至于他的上级，只要自己喜欢的项目还在正常进行，他们一般不怎么过问其他事情。所以上校喜欢设计师和生产工程师，因为他说什么他们就做什么，不会怠工或叫苦连天。

战后，大规模扩张的春田兵工厂获得了足够重要的地位，以至于它可以挑战、改变甚至阻挠上校的决议。春田兵工厂作为一个保守主义的堡垒，其职责便是大量生产定型的、可靠的轻兵器，从历史角度看，这也是它存在的理由。1943年底，兵工厂便接到

▲ M20 75毫米无后坐力炮。

过正式命令，要求扩大研究和发展设施，然而上面并没有拨出多少资金。实际上，正如斯塔德勒上校在他给发令者——柯克将军的回信中所指出的那样，任务分配、研发资金以及最高权威，依然集中在军械局首席办公室，即斯塔德勒上校身上。

一方负责设计和研发新项目，一方负责定型与大量生产，两者工作中必须要接触合作，所以矛盾不可避免地产生了。春田兵工厂自然也置身其中，斯塔德勒上校对这个错综复杂、有时桀骜不驯的单位抱有怀疑态度。毋庸置疑，春田兵工厂的工作完成得很不错，但在他看来，遇到新想法和概念时，该厂可能变得过于顽固和死板。

到1944年12月，法兰克福兵工厂已经给.300萨维奇子弹实验过30种不同的发射药及混合物（包括IMR 3031、IMR4320、IMR 4895和IMR 4951），试验弹头包括M2普通弹和M2穿甲弹，表现最佳的方案是装填40.5克IMR 4951。采用这种发射药配置时，可以将M2穿甲弹头加速到每秒754.38米，膛压约每平方厘米3.52吨。同时试验了69.85毫米和72.39毫米长的弹药；使用.30口径的M1903改装步枪发射，配用的是M1919A4机枪的枪管，弹膛改为.300萨维奇弹的规格，测试一直持续到1945年2月。

1945年1月，IMR 4475被定为备选发射药，当月，法兰克福兵工厂定下了标准装药量（44克，初速为每秒792米）。这款底标为"SUPER-X 300 SAV"的子弹装填了一枚黑尖的10.7克穿甲弹头，一般被称为"常规装填.300萨维奇特种弹"，平均膛压为每平方厘米2.88吨。1945年初，一小部分用.300萨维奇弹弹壳和M2穿甲弹弹头组装的短弹被送往阿伯丁试验场，由弹道研究实验室测试。这些子弹的装药被调节过，使其初速为每秒762米。在早期试验中，弹壳通过商业渠道购得（1944年从西部弹药公司和雷明顿各买了2000发带底火弹壳）的，后来法兰克福兵工厂实验室开始自己造弹壳。

1945年1月，军械局首席办公室要求法兰克福兵工厂实验室开发一款类似.300萨维奇弹的普通弹。这种弹会装标准的.30口径M2普通弹弹头，发射药要将其加速

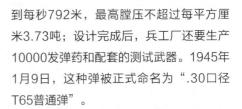

▲ 民用的.300萨维奇子弹。

到每秒792米，最高膛压不超过每平方厘米3.73吨；设计完成后，兵工厂还要生产10000发弹药和配套的测试武器。1945年1月9日，这种弹被正式命名为".30口径T65普通弹"。

法兰克福兵工厂设计的弹壳和商业.300萨维奇弹比较相似，但锥度更小。弹底和现役的.30-06弹相同，弹壳也用.30-06弹的工具制造成型，只是因为弹壁更厚，容量比.300萨维奇弹少0.065克。T65弹弹壳长47.523毫米，误差为±0.381毫米，弹肩相当陡（60度），弹颈很短；弹体锥度很小，以使容积最大化。这批弹药的底标为"FA45"，1945年上半年一共生产了15000发。所有试验弹装的都是.30-06 M2普通弹弹头。弹总长为71.12毫米（比.300萨维奇弹短1.27毫米）。阿伯丁试验场早期的弹道测试显示，最适合T65弹的发射药是IMR 3031。使用雷明顿No.39底火时，装药量为39.8

克；使用P4底火时，装药量为40.7克。测试枪管长558.8毫米，缠距为一圈254毫米；初速为每秒792.48米，膛压为每平方厘米3.52吨。

1945年5月到7月间，湖城军械厂实验室为法兰克福兵工厂生产了5个批次的弹药。项目编号是3/366，目的是研究T65普通弹的内弹道，弹药的底标"FA 45"则是法兰克福兵工厂印上去的。早期的普通弹全长约70.87毫米。为了控制子弹的全长，在M2普通弹弹头的紧口沟后又开了一道紧口沟。因此，原有的紧口沟在这款弹上看起来像是滚花沟槽。

1945年8月，军械局委员会批准了研发轻型步枪、机枪和弹药的总项目；当时T65弹还只是法兰克福兵工厂的一款测试弹，尚无用武之地。1945年年底，由于底火和发射药的发展，对T65弹又做了一些额外的测试。但这款弹的进一步发展取决于和它配套的轻型武器的研发进度。

最初的47毫米弹壳"轻型步枪弹药"将成为之后美国轻量化弹药研发的基础。以此为蓝本发展出了弹壳长51毫米的版本，并于1954年被北约采用为"7.62毫米NATO"弹。在此期间，这个项目属于最高机密，幕后的研发工作向公众保密。

1945年3月，厄尔·哈维（Earle Harvey）被叫到五角大楼，接受斯塔德勒上校的直接领导。当时他在春田兵工厂手头的项目是M1E9，旨在将M1加兰德步枪的导气系统改为挺杆式气体切断和膨胀型。这个项目也在斯塔德勒上校的命令下

暂时中止，最后在1945年8月被废止。哈维先生对他自己的步枪机构已经有了一些构思，包括尾端闭锁、外凸枪机截面（有点像BAR）。他仍然坚定支持气体切断和膨胀导气系统，想将这两个概念合二为一，创造一支新的、容易制造的轻型步枪，这也正是斯塔德勒上校喜闻乐见的。

到战争末期，实际上所有基于M1步枪和.30 M2弹的项目优先度都被下调了：军械局技术委员会于1945年9月建议，所有后续研发的精力都应该转向新轻兵器枪族——即基于法兰克福兵工厂试验型"轻型步枪弹药"的步枪。

▲ 厄尔·哈维。

▲ .30口径轻量化弹药一览，从左到右分别是：1. .30-06 M2普通弹；2. .300萨维奇弹（民用）；3. .300萨维奇弹（M2弹头），1945年；4. T65普通弹（长47毫米），1945年；5. T65普通弹（长47毫米），1946年；6. T65E1普通弹（长49毫米），1948年；7. T65E2/T104普通弹（长49毫米），1948年；8. T65E3/T104E1普通弹（长51毫米），1949年；9. T65E4/T104E2普通弹，1952年；10. M59普通弹（早期），1955年；11. M59普通弹（后期），1958年；12. T65E5/T233普通弹，1952年；13. M80普通弹，1959年。

T25步枪

在雷明顿T22项目的中期，即1945年在阿伯丁试验场成功展示改进版T22E1后，雷明顿的设计师K.J. 罗威被强制要求参加一次在华盛顿召开的特别会议。用罗威先生的话来说，会议的目的主要是讨论"一个雷明顿估计会有兴趣的新研发项目"。这次会议反映了美国轻型步枪项目在最初研发阶段，即最终的弹药设计都还没有敲定时的状况。关于此次会议，罗威先生这样回忆到：

4月6号星期五，参加讨论的人有E.L.巴林杰上尉、J.C. 克雷先生、R.R. 斯塔德勒上校以及厄尔·哈维先生。

此次研发项目的重点如下：

1. 军械局想研发一款新步枪，全自动或半自动射击，盒状弹匣供弹，来替换现有的M1步枪、基于M1改装的步枪以及BAR自动步枪；

2. 设计将围绕.300萨维奇弹展开，不考虑.276口径；

3. 根据膨胀原理，研发了一套新的导气系统。已在M1步枪上试验过，在一次测试中射击了大约7000发，运作良好。开发过程中应该融入该项设计；

4. 正在开发类似BAR的机匣，运用类似BAR的闭锁原理；

5. 重量的目标是7磅（3.175千克），可以减少配件数量；

斯塔德勒上校在会议上对雷明顿的人提出了以下要求：

1. 对进行到现在的设计给出评价；

▲ 雷明顿T22EI步枪，和T20项目大致同期。

2. 建议雷明顿在未来某段时间内造一支原型枪，并在原型枪制造阶段担任枪械设计和研发顾问；

3. 军械局将向雷明顿提供制造图纸；

4. 暂时不确定要造几支原型枪；

5. 研发费用，包括制造、测试以及必要的设计调整，估计为46500美元[1]。

斯塔德勒上校还表示，制定更具体的方案后，才会进一步讨论该项目。

"更具体的方案"马上就到了。军械局技术委员会最后于1945年秋天正式授权，将斯塔德勒上校的雄心具体化为战后的"轻型"步枪项目。弹药的开发工作在法兰克福兵工厂有条不紊地开展着。与此同时，1946年夏，经过"陆军地面部队装备审查局初步研究"，新轻型步枪的指标浮出了水面；这份报告开篇就点明了中心，强调未来的步兵武器研发应"在不牺牲性效能、轻量化、耐久性的前提下，做到

设计简单"。

更具体地说，新型抵肩射击步枪重量不能超过3.175千克，使用的弹药是正在开发的T65弹。新步枪将会替代M1步枪、BAR自动步枪和M1903A4、M1C、M1D狙击步枪；要求在之后继续扩充，还要替换卡宾枪和几款冲锋枪。新步枪要能安装刺刀，能发射枪榴弹。

斯塔德勒上校对春田兵工厂的工程师们提出的"专业建议"一直持谨慎态度；不管这些建议有多么切实，也总是被放在一边或是拖延实行。如果建议被听取了，图纸就会被打回重画，引得下属怨声载道；如果建议没有被听取，下面就会愤愤不平并出现流言蜚语。因此，他越来越喜欢让民用承包商来制造原型枪；其中有些公司之前没有或是只有很少武器方面的经验，他们只喜欢签订合同、赚钱，以及签后续订单。

---

[1] 按照物价指数核算，1945年的1美元购买力相当于2017年的13.56美元，整个项目约合2017年的63万美元。

▲ MID狙击步枪。

斯塔德勒上校的门徒厄尔·哈维对他要设计的7磅重全威力步枪也有一定疑惑。从历史上看，美军地面部队对新武器的要求是基于M1卡宾枪提出的。M1卡宾枪最初作为.45 M1911A1手枪的火力升级替代品给军官使用。部队很快就喜欢上了便携的卡宾枪，将其作为一款轻型短步枪用，唯一的缺点大概就是停止作用稍微有点不足。在战争末期的1944年9月，作为"前线改进"的解决方案出现了，也就是M2选射卡宾枪，它可以提升威力不足的卡宾枪的火力投送量。现在，使用单位提出的核心要求是将M2卡宾枪和M1步枪的优点结合，统一到一款便携式武器上。

回想到一年前还在热心地搞几乎不可能实现的4千克重，带两脚架和折叠枪托的步枪，哈维先生不禁就有了两点疑问：一方面，如果9磅（4.08千克）的重量对于一款.30口径自动步枪而言是不现实的，而新的T65"轻量化"弹药基本维持了旧.30 M2弹的弹道，那么他怎么才能再减少907克重量？另一方面，新步枪预计要替换5种现役的武器，包括冲锋枪、卡宾枪、M1步枪、BAR和狙击枪；而这些武器的优点都

是相互独立的——一款步枪怎么可能像冲锋枪那样便携，像狙击枪那样精准，全自动射击时像9千克重的BAR那样稳定？尽管如此，设计工作依然开始了，哈维也是这个项目唯一的工程师。

由于是独自工作，又有其他各种任务，哈维先生足足花了3年设计并制造第一支T25原型枪。他采用了枪机偏移式后端闭锁枪机，以避免剪切应力集中以及潜在的疲劳失效点，他认为这正是加兰德前端枪机回转闭锁的缺点所在。最初，厄尔·哈维自认为T25步枪是最好的作品，结合了轻量化、火力强大和易于生产的特性。造型优雅、侧面平坦的机匣在达到军械局重量要求的同时，用最少的钢材为后端闭锁枪机提供了最大的强度；很多非承力件，比如枪托底板、瞄具基座以及扳机护圈都用轻合金制造。斯塔德勒上校特别欣赏哈维先生的一点，就是除了枪管和枪托，T25的其他所有零件都坚持设计得易于用常见生产工具大规模生产，这些工具可以在美国任何一家小机车间找到。事实上，不久前扔到日本广岛和长崎的原子弹给每个人都留下了深刻的印象，军方也确

▲ M3A1冲锋枪。

实做了很多工作，来应对美国一线军事生产车间被核打击摧毁的可能性。

在写给爱德华·埃泽尔博士的私人信件中，哈维先生总结了3年的T25设计和研发历程，在那段时间，很多其他工作让他不能全身心地投入步枪的研制工作中，他最后总结道："T25毫无疑问是我见过的工程开发最完善的原型枪，无论是在它之前还是之后。该枪考虑了所有的重要因素，通过击锤、阻铁、扳机、弹簧等（零件）的几何尺寸，计算出扳机力约为6磅，实际上造出来也确实是6磅。"1947年，哈维先生从军械局首席办公室转到春田兵工厂，T25项目在那里继续进行。

与此同时，"轻型步枪弹"正在法兰克福兵工厂接受重要改进：弹壳长度从47毫米加长到49毫米（最长不超过49.555毫米）。1947年4月1日发布了最初的图纸。最初的47毫米弹药以项目名（T65）命名，但并非官方名称，后来的49毫米弹药才获得了法兰克福兵工厂的正式编号，即

"FA-T1"。哈维的第一支T25步枪用的就是49毫米"FA-T1"弹，T25也成了第一支使用美国T65轻型弹药的步枪。

除了枪管和枪托，第一批4支T25原型枪的零件都是按照军械局研发部给纽约本耐尔机械公司的合同完成的。第五支原型枪部分由本耐尔机械公司完成，其余由春田兵工厂完成，兵工厂还生产了所有5支原型枪的枪管和枪托。

作为哈维先生预生产计划的见证者，埃泽尔博士回忆道，本耐尔公司之前完全没有制造轻兵器的经验，直接根据斯塔德勒上校给的哈维先生的图纸开始生产："机器生产出所有零件后，在没有进行改装和手动配合的情况下，第一批5支T25步枪均成功组装并试射。1号T25步枪于1948年1月在曼哈顿国民警卫队兵工厂进行了试射。"

爱德华·埃泽尔博士的论文《探索轻型步枪》进一步总结了T25那振奋人心的开局：

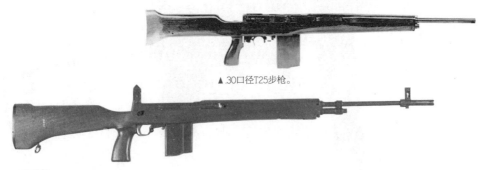

▲ .30口径T25步枪。

▲ T25步枪。

哈维步枪早期测试的结果显示，这款武器的效率和精度表现超过了平均水平。1948年4月12日—14日间，对哈维的设计进行了耐久性测试。3号步枪一共射击了3500发，没有任何零件破损或需要替换。需要说明的是，这些步枪用的弹药还是开发中的实验型弹药，因此，这款步枪的表现可以说是非常出色。1948年5月18日于本耐尔进行的射击测试证明T25步枪的闭锁强度很高。这款武器承受了125000发弹药膛压的冲击，弹底间隙没有变大。它还承受了每平方厘米10.54吨的高膛压，没有零件损坏。

本耐尔机器公司制造的T25重约3.4千克。春田兵工厂在斯塔德勒上校的要求下，进一步减重至3.08千克。这款步枪被送往斯塔德勒办公室接受检查，但是，不管是低于还是高于3.175千克（7磅），T25在全自动射击时都难以控制。埃泽尔博士回忆厄尔·哈维是这样评价的："很明显，步枪重量的要求和T65弹带来的后坐力是不兼容的。"

之前提到的与雷明顿公司关于生产T25的讨论，现在又在1945年的基础上被重提。在设计基本敲定的情况下，斯塔德勒上校让已经回到春田的哈维先生前往纽约州的伊利安商讨制造10支原型枪的事宜。兵工厂正在绘制一套新的机械图纸，最后决定由雷明顿根据春田的规格制造12支T25，期限是1949年5月1日。然而，新的图纸没有及时送达；另外，兵工厂还在不断进行必要的小修小改。这些因素都导致这12支步枪直到当年年底才完成。

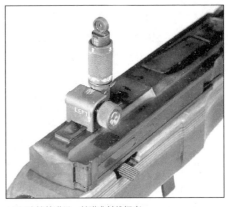

▲ T25步枪的瞄具，其瞄准基线极高。

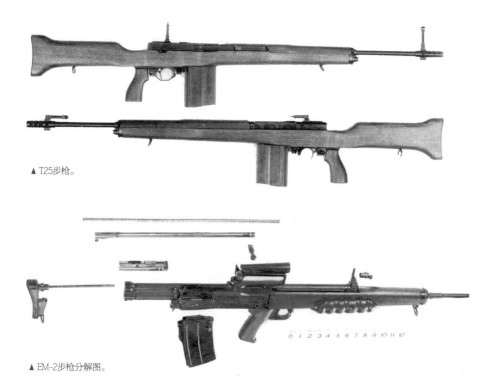

▲ T25步枪。

▲ EM-2步枪分解图。

　　同时，由于T25之后可能要进行有限部队测试，军械局的工业分部于1949年夏天要求兵工厂向民间厂商订购额外的110支T25步枪。这项指令之后改了好几次，最后，春田兵工厂生产工程部自己决定生产第一批20支和第二批30支T25。但春田兵工厂很抵触该枪的设计，生产工程师坚持替换一部分钢材牌号，还要将原图纸转换为工程图纸。讽刺的是，已经注定不会再生产的M1加兰德完全被春田兵工厂当成了范本。在务实的生产工程部看来，新的T25"不适合用现有的机器进行量产"。春田第一批10支T25交付时，差不多已经

是一年后的1950年4月了，正好赶上前景未知的1950年阿伯丁和本宁堡国际武器竞争测试。在那儿，它将遇到两位强劲的对手——英国.280口径的EM-2步枪和比利时的FAL步枪。

.280口径EM-2轻型步枪

　　战后，英国人意识到，自己装备了几十年的李-恩菲尔德步枪已经跟不上时代了。战时，英国人就曾缴获过纳粹德国的Stg44突击步枪。设计师们马上就发现，德国7.92毫米短弹身上就有他们正在寻求的各种优点。不过，英国人又觉得德国人

把7.92弹减得过短了，在保持全自动可控的前提下，威力可以再大一点。和美国人一样，战后英国很快就拿出了试验弹。1947年，英国分别拿出了.270和.280两种口径的中间威力弹，最后为了获得最好的外弹道性能，选择了.276口径（7×43毫米）弹。为了防止和战前的.276弹（.276佩德森弹和.276恩菲尔德弹）混淆，这款弹又被重新命名为.280弹。为了"照顾美国人"，以在竞争中获得优势，在保持其他性能基本不变的情况下，又修改了.280弹的底缘部分，使其和美国.30 T65弹相同，这就是.280/30弹（由于.280弹昙花一现，实际使用更多的是.280/30弹，因此，下文以.280弹代指.280/30弹）。以此弹为基础，英国开发了数款各不相同的武器。其中一款便是EM-1（Experimental Model 1）步枪，该枪采用滚柱闭锁和无托式布局，这两点都是首次出现于英国轻兵器上。很快，EM-1就被设计相对传统的EM-2步枪取代了。

英国装备设计局及其合作伙伴（比利时的FN公司）将与斯塔德勒上校领导的军械局展开一场意志的较量；后者坚持无论英国做什么，都不能牺牲美国新弹药的远程杀伤力和威力。英国的C. 奥布里·迪克森（C. Aubrey Dixon）准将在他1952年刊登在《美国步枪手》（The American Rifleman）杂志上的文章"北约步枪"中写道：

1947年，英国团队带着理想口径方案的报告来到美国，却被军械局批评了一顿，因为军械局要求团队中有弹药专家，英国团队中却没有。使用.280口径来

▲ 左边为.270弹，右边为.280/30弹。

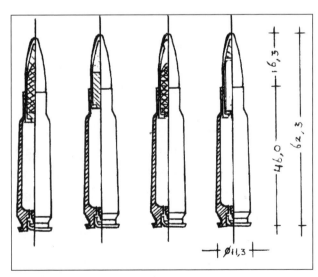

▲ .270弹图纸。

▲ EM-1步枪。

As a Self Loading Rifle

▲ 三种姿势下使用EM-1步枪。

替代.30口径的建议被军械局断然拒绝了，因为（美方）认为一部分弹药（比如曳光弹）不能用于那么小的口径。另一方面，英国团队也是第一次了解到美国T65弹药的细节。两年来最佳口径方案的各种测试和研发的结果表明，美国的弹药绝非最佳。

概述

　　EM-2步枪是一款气冷、导气式、（20发）弹匣供弹的抵肩射击武器，射手可以通过快慢机选择半自动或全自动射击。这款步枪最不寻常的特征就是没有枪托，扳机组件在弹膛前。另外，该枪使用的是没有放大倍数的望远镜瞄准具。步枪尾部的金属片上装有橡胶护垫，护手和握把为木质。在扳机后和扳机组件壳体相连的就是手枪型握把。机匣外包裹有木质护腮，保护射手的脸颊不被灼伤。瞄准时，射手的脸颊会紧贴机匣。后坐力作用在枪管轴线上，属于直枪托（即枪托在后坐力轴线上），和常规的步枪比，枪口上跳的趋势更小。枪托底板通过定位凸台和一个弹簧锁固定在机匣上，这种布局可以快速拆解出复进簧、活塞、拉机柄和枪机。通过移出固定销，可以从机匣上拆下扳机组件。望远镜式瞄具上标有距离分划，内有一个倒转的指针，距离分划有274、457、640和823米。分划线在指针下的中间位置分开，间距正好和对应距离上人的宽度一致。瞄具支架也用作提把。机械瞄具的瞄准基线长约83.82毫米。

自动流程

装填时，弹匣的前端先插入空槽，然后旋转后端，与弹匣卡笋接合。

半自动射击

将快慢机调至R档（repeat），就可以进行半自动射击。装填弹匣后，枪机和活塞一起被释放，在复进簧的作用下向前运动，并将一发弹药上膛。击发弹药后，高压气体传至导气孔，进入导气筒推动活塞（以及连在一起的枪机）向后运动。在这个过程中复进簧被压缩。

活塞通过击针套筒和枪机相连，在活塞最初的运动过程中，击针被向后压缩，并与阻铁相连。在后坐流程中，击针将闭锁片收回开锁，使枪机能向后运动。在枪机后坐的初始阶段，脱开杆的尾部被压下，使得前部跳起，与扳机解除接触。

活塞完成后坐行程后，在复进簧的作用下再向前运动。活塞下方的一个螺柱与（枪机上的）活塞挂钩接触后，带动枪机向前运动。枪机将弹匣上方的一发弹挤出，塞入膛内，爪型的抽壳钩抓住弹药底缘。顺便一说，活塞杆直接驱动枪机而不经过枪机框这种设计，源自德国的FG42，而FG42的这个设计则源于一战时期的刘易斯机枪。

枪机闭锁后，枪机挂钩在机匣的凸轮表面作用下向下运动，与活塞凸耳解除接触。活塞继续向前运动，带动击针套筒。此时，击针套筒撑开闭锁片，进入闭锁状态。在复进簧剩余簧力的作用下，击针套筒会停留在该位置。松开扳机后，扳机会在扳机簧的作用下复位，与脱开杆接触，并在脱开杆弹簧作用下继续保持接触，此时武器已经准备好再次发射。

弹匣里最后一发弹射出后，弹匣板的凸耳将装填套筒卡在后部，使得枪机固定器的前部被压下，后部弹起。固定器后部升到枪机的路径上，将枪机挂在后面。要想拆下弹匣，先按下弹匣卡笋，然后向前旋转弹匣即可。

全自动射击

快慢机从R档调至A档（automatic）后，脱开杆被弹簧压下，脱开与枪机的连接。扣下扳机后，脱开杆向后运动，将阻铁杠杆顶起，与阻铁接触。全自动流程和半自动的区别有以下两点：

1. 在半自动射击的后坐过程中，脱开杆（在一个较低的平面上操作）不会和扳机脱开连接。

2. 枪机向前运动，击针套筒还没有将闭锁片撑到闭锁位置时，击针就已经从阻铁上被释放了。击针向前运动准备击发底火时，枪机也在向前运动，击针套筒再把闭锁片撑开。这些部件都是同时运动，时间上正好契合。

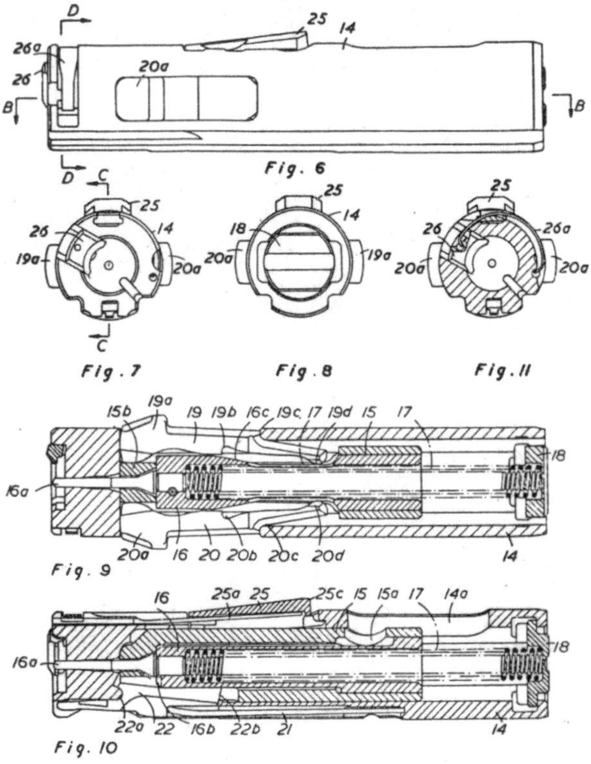

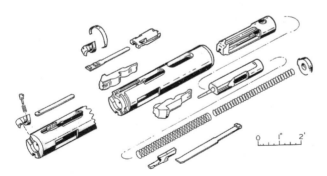

D

26a
26
B
20a
25 14
B

D C
Fig. 6

26a
25
25
25
26a
26
14
18
14
19a
20a
20a
20a
19a
20a
20a
20a
C
Fig. 7   Fig. 8   Fig. 11

15b 19a 19 19b 16c 19c 17 19d 15 17
16a
18
20a 16 20 20b 20c 20d 14
Fig. 9

16 25a 25 25c 15 15a 17 14a
16a
18
22a 22 16b 22b 21 14
Fig. 10

▲ EM-2枪机的图纸。

▲ EM-2枪机拆解示意图。

0   1"   2'

保险特征

保险杠杆位于扳机护圈前部，可以通过它操控保险杆移向后方，防止阻铁释放击针。

击针必须向前推动套筒后才能和弹药底火接触，套筒会将闭锁片撑开到闭锁位置（相当于不到位保险）。

.280口径FAL轻型步枪

1936年，也就是美国列装M1步枪的同一年，比利时国营赫斯塔尔公司就开始设计一种半自动步枪。总设计师是比利时人迪厄多内·约瑟夫·塞弗（Dieudonné Joseph Saive），他最初只是FN的一位普通职员，但其理念和技能得到了重视，最后成为美国传奇武器设计师约翰·勃朗宁（John Moses Browning）的主设计助理。

1940年初，FN已经完成了步枪的设计，准备开始制造并销售。然而，随着当年5月纳粹进攻低地国家，这一计划毫无疑问地流产了。塞弗和他的设计团队销毁了所有设计资料，设法逃到了英国，并留在英军中工作。到了秋季，随着法国的沦陷，英国成了西欧唯一和德国抗争的国家。敦刻尔克撤

▲ EM-2步枪。

▲ EM-2步枪拆解，可见活塞直接作用于枪机。

▲ 迪厄多内·塞弗和他的FAL。

▲ 使用7.92毫米短弹的FAL原型枪。

▶ FN49步枪。

退时，又遗失了相当一部分武器装备。在这种情况下，显然不适合列装一款新步枪，当务之急应该是加快现有步枪的生产速度。

比利时解放后，塞弗重启半自动步枪的研制工作，最终成果便是FN49，即SAFN步枪。尽管SAFN性能尚可，但生不逢时；当时，西方已经准备抛弃栓动和半自动步枪，直接研发一种突击步枪。SAFN的最大贡献大概也就是帮助FN公司摆脱了战后的经营困境。

1947年，SAFN正准备大规模投产时，塞弗和埃内斯特·韦维耶（Ernest Vervier）造出了一款原型枪。该枪延续

了SAFN的导气机构和偏移闭锁枪机，使用德国7.92×33毫米短弹。接触到了英国的新弹药之后，塞弗马上将其改为.280口径，这就是参加1950年测试的.280口径FAL步枪。

概述

FN步枪是一款气冷、导气式原理抵肩射击步枪，由20发弹匣供弹，射手可通过快慢机选择半自动或全自动射击。步枪包含枪托、护手以及扳机后的握把。护手只有下半部分，没有上护手。枪托为传统样式，和后坐力作用线之间呈一定夹角。扳

▲ 发射7.92短弹的FAL，其侧板无法拆解。

机和枪托组件作为一个整体，通过一根插销连接到机匣后端；这样的布局可以快速取出枪机、枪机框和枪机盖。拉机柄独立于运动组件外，只用于向后拉枪机。

这款武器的气体调节器使用了泄气原理，调节器位于导气筒口的上方。从导气管中泄出的气体量随调节器的变化分为三档。准星为刀状准星（带护翼），照门为觇孔式。瞄具上的距离分划为91.5米到548.6米，以91.5米为间隔分了6档，按下一个带弹簧的锁后，可以将觇孔板调到想要的射程。瞄准线和枪管轴线的间距约为43.18毫米。发射后的弹壳从武器的抛壳窗向右侧抛出。

自动流程

装填时，先将弹匣插入弹匣井，然后再向上提，直到弹匣卡笋扣到弹匣后部右侧的缺口上。不管枪机处于打开状态还是闭合状态，弹匣都能装填到位。

将拉机柄向后拉，枪机随之向后运动并压缩复进簧。可以通过手动操作枪机阻笋，将枪机挂在后部，保持打开状态。枪机阻笋位于机匣的左侧，弹匣井之后。上膛之后，拉机柄停留在前部，在射击中不随动。

半自动射击

初始状态：快慢机调至R（repeat）档，自动机处于打开状态，弹匣到位。

首先枪机阻笋被向下掰，释放枪机以及枪机框。枪机利用复进簧传来的能量，从弹匣中顶出一枚弹药并塞入枪膛。爪状抽壳钩抓住弹壳底缘，枪机顶住枪管尾部平面。枪机后端在枪机框的作用下向下运动，卡入机匣上的闭锁位置，完成闭锁。扣动扳机，阻铁后部向上旋转，前部向下旋转，解除和击锤的接触；击锤在击锤簧的作用下向前旋转，击打击针并传递能量，让击针击发弹药。

弹头沿着枪管前进，通过导气孔后，气体进入导气筒，推动导气活塞向后运动。活塞带动与之相连的枪机框向后运动；枪机框将枪机开锁，并一起后坐。在枪机后坐的过程中，弹壳被抽出并撞击到（机匣的）抛壳挺上，向右上方抛出；枪机也开了槽，给抛壳挺让位。枪机框压倒击锤，直到和自动阻铁接触。后坐过程中被压缩的复进簧为枪机和枪机框的复进过程提供能量。弹匣打完后，弹匣托弹板的一块延伸部分促动枪机阻笋，将枪机挂在后部。按下弹匣井之后的弹匣卡笋可以取下弹匣。

◀ .280口径 FAL步枪。

▲ .280 FAL快慢机特写。

扳机机构

阻铁被固定在一个槽孔上，受到来自后部弹簧的簧力，因此它会一直停留在前部，直到插销靠到阻铁销为止。然而，击锤受到的簧力比阻铁受到的更大，击锤和阻铁接触时，阻铁会被推向后部，击锤会向前旋转，直到插销的前部与阻铁销接触。扣下扳机后，阻铁后部被抬高，前部向下运动，释放被挂住的击锤。解除击锤之后，阻铁由弹簧负载的推杆驱动向前运动。发射弹药后，枪机框带着枪机一起运动，压倒击锤并卡入自动阻铁。在枪机框复进过程的最后阶段，击锤从自动阻铁上解脱，可以稍向前旋转与阻铁卡合。只有

松开扳机，让阻铁完成向后运动并越过扳机的肩部，才能再次击发弹药。松开扳机后，武器就回到初始状态，可进行下一次自动流程。

全自动射击

初始状态：快慢机调A（automatic）档，自动机处于打开状态，弹匣到位。

上膛的过程和半自动时相同，扣动扳机后击锤会与阻铁解脱击发弹药，但将快慢机从R档调到A档会使扳机和阻铁的间距变长。因此，阻铁前部进一步向下旋转，与击锤解除接触。击发弹药后，自动流程和半自动射击时相同，只有一点有区别：

▲ .280 FAL偏移闭锁枪机。

▲ .280 FAL枪口装置。

由于阻铁不参与自动流程，因此击锤由自动阻铁挂在待击位置。枪机复进闭锁到位后，枪机框左后方会带动自动阻铁，释放击锤。作为保险，只有到枪机框复进完全越过击锤后，后方才有可能和自动阻铁接触。只有松开扳机、发生故障或者弹匣里的弹打完时，步枪才会停止射击。若在弹匣打空之前松开扳机，阻铁的前端会自动上升，挂住击锤。枪机闭锁后，自动阻铁被绊住，击锤稍向前转动，被阻铁挂住。

保险机构

快慢机同时充当保险，将其向后转到S档时，扳机被锁住。

▲ 1950年M1步枪进行北极测试。

枪机没有完全闭锁时，击锤没法被扳机释放。自动阻铁将击锤锁在待击位置，直到枪机框完成最后的复进流程，枪机完全闭锁。此时，击锤才能击打到击针。

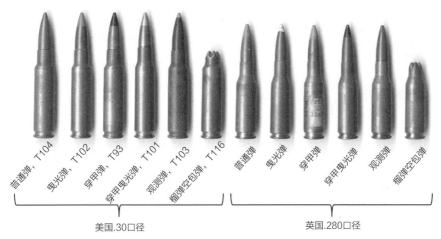

普通弹，T104　曳光弹，T102　穿甲弹，T93　穿甲曳光弹，T101　观测弹，T103　榴弹空包弹，T116　　普通弹　曳光弹　穿甲弹　穿甲曳光弹　观测弹　榴弹空包弹

美国.30口径　　　　　　　　　　　英国.280口径

▲ 参加1950年测试的各型弹药。

1950年步枪测试

　　1950年的测试可以说是一座分水岭，它是20世纪首次步枪和弹药的国际测试。这场测试于2月7日在阿伯丁试验场展开，5月31号转移到本宁堡的陆军地面部队第3局继续，一共耗时6个月。测试的项目非常多，涵盖的范围很广，包括野战拆装简易性、精度测试、可靠性测试等等。

　　测试结果总结如下，EM-2在沙尘、泥浆、寒冷、干燥环境下的可靠性测试以及全自动精度测试中成绩最好，但拆解耗时太久，海水、盐雾、降雨条件下可靠性不佳，而且在耐久性测试中零件损坏数最多；.280 FAL步枪在拆解耗时、耐久性、盐雾和枪口焰方面表现最好，但全自动射击精度差，寒冷环境下可靠性不足；T25步枪在降雨、半自动精度、海水腐蚀和枪榴弹测试中表现最好，还是唯一一款通过了防过热走火测试的步枪，然而在泥浆、尘土和干燥环境下可靠性不佳，且全自动精度极差，甚至因为脱靶数太多，根本测不出散布圆的大小；至于对照组的M1加兰德步枪，虽然是身经百战的经典步枪，但和后辈比已经略显疲态，各项测试的结果都不太好，特别是可靠性测试。

　　从测试中可以看出，所有步枪的研发程度都不够，无法发挥出最佳水平。但.280弹确实发挥出了中间威力弹的独特特性和优点。不幸的是，美国和英国设计师对测试结果产生不同理解时，他们之间没能达成妥协。英国人认为.280弹还需要进一步发展，美国人则认为该弹根本不靠谱。美国人拒绝.280弹的公开理由有两点，还有一个"隐藏要素"。记录下的理由包括初速太低，弹头容量太小：低初速是为了改善全自动射击时的精度，但美国人担心该弹飞行640米后下落会达到2.44米，这样杀伤距离会比较小，容易射失。

▲ 除正常布局外，.280 FAL还有无托改型。

测试之后的故事

  T25在1950年的测试中表现不佳，有优点，但暴露出来的缺点过于严重。尽管处境恶化，但哈维依然在继续他的设计。新步枪换了一个传统款式的层压板枪托，降低了瞄准基线，称为T25E1。1950年12月，春田完成了图纸的绘制；到1951年6月交付了30支步枪进行测试。测试从7月1号开始，为期6个月。新步枪重3.742千克，官方编号改为T47。然而，该项目似乎已经不在斯塔德勒上校掌控的范围内了。尽管哈维先生一直请求给予更多的时间和资金，但可分配的资源已经所剩无几。最后，T47的整体性能还是没有较大改观，泥泞环境下的可靠性糟糕得令人无法接受。唯一值得称道的就是那个核桃木和枫木制成的新层压板枪托和护手。到1952年测试时，T47败给了T44和新的.30口径FAL步枪，就此被扔进了垃圾桶。

  英国人反驳道，这款弹预设的最大射程也只有548.6米。另外，美军声称他们的步兵步枪需要曳光弹和观察弹（瞬爆弹），7毫米的口径太小，没法制造这类特种弹药；这很明显是在瞎扯，美国人自己都在若干年之后装备了5.56毫米口径的M196曳光弹。隐藏的理由是这两款枪均非美国人开发，而美国军械局和R&D的领导勒内·斯塔德勒上校不怎么愿意采用外国设计的步枪。

◀ .30口径T47步枪。

关于新步枪，不仅国与国之间无法达成共识，英国国内各党派也是吵个不停。1951年4月，克莱门特·艾德礼领导的工党政府宣布列装EM-2，而保守党则质疑新步枪的必要性。由于站在艾德礼工党政府的对立面，丘吉尔公开质疑英国的新步枪是最佳步枪这一说法；他在议会和艾德礼政府的人产生过公开冲突，指责对方"抛弃列装美国和加拿大已经采用了的武器的可能性"。丘吉尔于1951年10月回到唐宁街后，EM-2的前景就岌岌可危了。丘吉尔所处的保守党政府相信，北约武器的标准化对欧洲的安全局势至关重要，要不惜代价完成标准化。带着这样的成见，丘吉尔收到了工党的电话，后者叫他亲自测试EM-2步枪并做出评论。丘吉尔最后不情愿地答应检验武器，并安排于1951年11月参与一次展示。

负责展示的队伍中包括轻兵器研发部主任巴洛准将；负责步兵装备和训练的戈登准将；步枪项目的领导人爱德华·肯特-莱蒙（Edward Kent-Lemon）；陆军的轻兵器学校部队负责人、步枪的主设计师斯特凡·詹森。巴洛记录了丘吉尔对英美两国新式步枪的看法，报告发布于当年12月3日。

1951年11月一个下雨的周六夜晚，刚复任的英国首相温斯顿·丘吉尔跟着一队士兵走到了一张桌子前，上面摆着几支长相独特的步枪。那天下午晚些时候，天空开始下雨，冷风吹过了整个靶场。鉴于已经77岁的丘吉尔身体不太好，组织团队决定"只进行必要的试射，希望其他特点能在之后的谈话中展示。"演示开始后，先是讨论了两款步枪和它们所用弹药的不同之处。之后，丘吉尔受邀试射EM-2步枪。站姿状态下，他向91.5米外的目标射击了20发，命中了9发。丘吉尔的朋友和私人顾问亨利·波纳尔呈坐姿射击，命中20发。轻兵器学校部队的军需中士教官斯韦茨试射了80发，以展示EM-2的快速射击精度，可惜没有记录下命中数。不管怎么说，EM-2的光学瞄具还是极大地提升了普通士兵的射击精度。然后，斯韦茨抵腰持枪，对27.5米外的目标进行全自动射击，取得了不错的命中率。首相也应邀进行腰间持枪射击，结果"还可以"。

然后，丘吉尔查看了美国步枪T25及其发射的威力更大的T65弹。他依然以站姿射击了11发，用丘吉尔自己的话说就是"再也不想碰那破玩意了"。T65弹的后坐力太大，令人非常不适。倾盆大雨和冷风为这次演示画上了句号，首相同意在契克斯召开会议，讨论EM-2的优点。EM-2的拥护者在会上阐述了英国弹药相对于美国T65弹的优势。戈登准将称，普通的英国士兵也能用先进的新步枪进行精准的射击，抵消苏联在数量、武器组合、火力和战术上的优势。作为回应，丘吉尔称"他不是在争论眼前的技术问题"，而是更关心制造一个战争时期西方盟友可以取用的"大西洋武器库"。他首要关注的是与美国和加拿大达成武器标准化和通用化，以保证供应链。

丘吉尔欣赏EM-2的低后坐力、高精度和高射速，但他和他的专家们更倾向于采用更差的步枪，以保持和西方盟友的武器通用性。在会议的结尾，丘吉尔清楚地讲明，他会试图说服美国人用.280弹，但如果没成功的话，"也不准备单方面继续推进.280弹"。

演示之后不久，丘吉尔于1952年1月在华盛顿的一次会议上和杜鲁门总统讨论了这件事。这次会议涉及了一系列防务和对外政策，包括美国在不列颠驻扎战略轰炸机，北约北大西洋海军指挥官人选，以及正在进行的标准化事宜。会议没有取得很大成果，两个国家都准备继续依赖各自的步枪，但继续共同研发。这次华盛顿的会议宣告了英国.280弹和EM-2的终结。不得不说，这也是英国在北约中与美国相处时，遵守实用主义的一个很好的例子。

丘吉尔很清楚美国人会选择T65弹，两个国家的轻兵器发展理念大相径庭。结果，丘吉尔不顾自己专家的反对，出于标准化的考虑采用了美国装备。1953年年底，英国采用了T65弹和比利时FN FAL步枪。纽约《时代》杂志这样写道："英国将为了北约，采用美国也欣赏的比利时步枪。"此时，EM-2不仅名义上已经是正式列装的装备，在马来亚紧急状态的军事行动中也进行了实战，得到了士兵们的一致好评，但这又有什么用呢？

就这样，20世纪首次国际范围内的步枪/弹药测试，以美国T65弹的获胜落下了帷幕。然而，该弹取胜根本就不是依靠其自身实力，而是靠美国在北约里无可挑战的地位；这在未来很长一段时间内产生了恶劣的影响。英国的.280弹和唯一广泛装备的中口径中间威力弹M43比，很多方面还有不小的优势。T65弹和后来的.30 NATO弹实际上还是一款全威力步枪弹，它的上位导致突击步枪很长一段时间里在北约销声匿迹，取而代之的是火力密度并无革命性提升的"战斗步枪"，结果就是临近新千年时，联邦德国国防军才开始装备突击步枪。

▲▼.280口径的FAL实际上还有少量出口，上图为使用7×49毫米弹FAL的委内瑞拉士兵。

龟兔赛跑
从T44到M14步枪

背景

在1950年测试之前，也就是哈维步枪还是斯塔德勒上校的宠儿时，劳埃德·科贝特出现了，就像寓言里那只乌龟一样，他开始了传奇的赛跑故事。

科贝特基于M1设计的试验枪参考了之前T20E2步枪的性能测试结果，他决定让新枪发射最新的、更短的"轻量化"弹药。在1947年财年，军方开展了一个基于T20E2步枪机匣的新项目，需要设计、制造和测试一型约3.175千克重的步枪。因此，在一支T20E2上装上T35步枪的枪管后，".30口径T36轻型步枪"就这样于

1949年11月诞生了。从它身上也能看出一些雷明顿曾经提出过的点子，比如他们的改进版T22E2消焰器。

之后，最初的T36被裁短并进行轻量化处理，导气孔也随之沿枪管后移了约127毫米。这种改进型有时也被称为"T36 1/2"，而春田兵工厂照片上的说明只有简单的".30口径T36步枪，轻量化"。除了导气口后移之外，该枪还采用了哈维T25步枪的弹匣，枪机、机匣和扳机机构也有一些小改进，但仍采用直接导气系统。该枪于1949年11月被官方重新命名为".30口径T37步枪"。

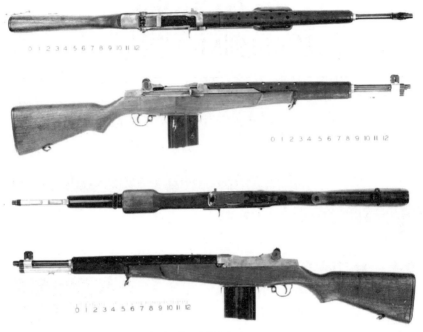

▲ 改装成使用T65E3子弹、T47的20发弹匣的M1步枪档案照。

▲ M1步枪（上）、T20E2步枪（中）、T44步枪（下），三者有明显的继承性。

▲ T25步枪（上）和T36步枪（下）。

▲ T44E2步枪。

▲ T37步枪。

1950年的测试结束后不久，基于加兰德步枪的试验项目迎来了一个高峰期，也占据了很高的优先度。当然，这部分是因为它们是糟糕的T25失败后的唯一选项。1950年，阿伯丁试验场在对T37步枪进行测试后，推荐进一步发展该设计。

.30口径T44轻型步枪

1951年1月，科贝特在一次为了赶时间而将可用的优秀特征组合在一起的尝试中，将一支新的哈维T47的前部完全拆下，安装到了他自己的T37步枪上，最终成果就是T44的原型枪。另外，该枪还用了M1的前准星和哈维的20发弹匣。在忙碌

的第二年，雷明顿武器公司同意生产测试用规模的T44——30支，这次使用了春田兵工厂供应的T20E2机匣。

1952年对T44的改装

1952年1月16日—5月21日，雷明顿T44步枪第11、第12和第13号原型枪被提交参加标准轻型步枪测试，和春田制造的T47步枪进行对比，地点依然是阿伯丁试验场。该枪在原先T44的基础上进行了改进，使用了更多T47的部件，可以让那些忙得焦头烂额的测试官员尽快适应它。T44 1952改进型第一次被官方文件记录是在春田兵工厂的《研发资料备注，1952年

5月8日》（见本书第45页）中。

从序列号15的雷明顿T44开始，进行了下列改进：

1. 前端更重的新枪管；

2. 和T47相同的新式稳定装置（叉形）；

3. 和T47类似的准星；

4. 和T47相同的准星螺钉；

5. 和T47相同的稳定器螺母；

6. 改进版导气杆，管状前端和连接网之间的圆角更大了；

7. 改进版枪托、弹匣卡笋、扳机组件外罩。为了兼容本宁堡步枪的弹匣，安装了新的弹匣填隙片，并使用了通用弹匣。

1952年的本宁堡"国际"测试的氛围很不好，实际上是受到了各方势力的影响，带有多重目的：斯塔德勒上校需要一个明确的理由来抛弃T47；同时，温文尔雅的FN总经理勒内·拉卢先生正准备着手宣传FN于1951年给美国军方的重磅礼物——为满足美国的防务需要，在名义上免费给予美方FN（此时该枪还不叫FAL）步枪的生产权。

测试时间为8月22日至12月29日，参加测试的武器很多，包括很受欢迎的".30口径FN轻型步枪"、T47、EM-2和雷明顿制造的T44，还有M1步枪作为对照组。正如上文提及的那样，不幸的T47步枪遭受了很多恶意批判。之后，测试的排名出来了：1. FN；2. T44；3. M1；4. T47，而EM-2甚至都已经不在列表中了。最后的结论是，T47半自动射击的精度高于

▲ T44 1952年改进型。

▲ 27号T44步枪，使用T37的闭塞膨胀式导气系统。

▲ T47步枪。

T44步枪，但两者的总体表现都不如FN步枪，就此被扔进了垃圾桶。

前两位相互竞争的步枪重量都低于4.536千克，使用.30口径T65E3弹，可全自动或半自动射击。然而，那些更有经验的前线军官对每个步兵都需要一支.30口径"轻量化"选射步枪这件事的正确性相当谨慎。《美国步枪手》杂志1952年3月刊登文章"核时代的步枪兵"，作者劳埃德·诺曼引用了陆军参谋长约瑟夫·劳顿·柯林斯（Joseph Lawton Collins）将军的话：我个人的意见是我们需要一款

<h2 align="center">研发资料备注，1952年5月8日</h2>

概述：

这份报告的意图是指导个人使用、维护.30口径T44步枪。因为这款步枪有些和M1步枪相同的部件，FM 23-5手册中的一些说明也能用于这款步枪，其他的则会在这份报告中说明。

描述：

.30口径T44步枪是T20E2步枪的轻量化改装设计，可以选择全自动或半自动射击，很多部件与M1、T20E2步枪相同。该枪采用导气式运作方式，全长43英寸（1092.2毫米），重8.25磅（3.742千克）。

这款步枪使用20发盒状弹匣，从机匣底部插入。准星前的组合式消焰制退器螺接在枪口上。刺刀和枪榴弹适配器应该可以安装在制退器上。

简单地说，用于自动的能量源于一个"气体切断和膨胀系统"。在这个系统中，一定量的气体被从枪管中导出，流入导气筒。然后高温气体就可以膨胀，同时提供一个推力。这种驱动系统的优点是，可以调节导气量的大小、持续时间以及射速。

自动流程：

概述

这款步枪在快慢机调至半自动时，自动流程和M1步枪类似。快慢机机构在半自动时不起作用，也不会影响其他零件的运作。快慢机由快慢机轴上弹簧驱动的锁定机构固定。

快慢机调至全自动时，转动了偏心的快慢机轴，从而将阻铁释放装置和连接器组件移向后方。导气杆位于前部时，这些组件的运动会驱动连接器组件前端的钩，使之与导气杆上的配合面契合，并旋转阻铁释放装置的底部，然后将其向后推，使之与阻铁接触。快慢机至半自动时，连接器组件被移向前，它的钩不能和导气杆接触。全自动时的运作机理如下：

后坐过程

大约后坐了6.35毫米的自由行程后，导气杆和连接器组件上的钩分离。这使得弹簧驱动的连接器组件能向后移动，从阻铁上旋转阻铁释放装置。

枪机压倒击锤，这时虽然是扣着扳机，但阻铁会像半自动射击时那样保持待击状态。

反后坐过程

导气杆向前运动时，击锤起初类似半自动射击时那样保持待击状态，直到导气杆的肩部与连接器上的钩相接触。这时，导气杆将连接器推向前部，从而转动阻铁释放装置。由于一直扣着扳机，所以阻铁释放装置会按压阻铁，使其与击锤脱离。击锤脱离后，就会向前旋转，击发弹药。

释放击锤的时机经过计算，这样可以让使枪机在受击锤打击前就闭锁。击针也被机匣上的桥夹阻挡，以防止过早向前运动。

假如在射击最后一发之前松开扳机，击锤就会被扳机突耳（第二阻铁）挂住，即使连接器激活阻铁释放装置，也不会释放击锤击发弹药。

射出最后一发后，弹匣里的托弹板会驱动机匣左侧的枪机挂起装置。枪机挂起装置会移到枪机的运动路径上，将枪机挂在后部，即自动机构处于开膛状态。

轻型步枪，它要能半自动射击，并在需要时全自动射击。我个人对把所有武器都改为全自动抱怀疑态度；全自动抵肩武器太浪费弹药。当然，我们每个班都要配一支勃朗宁自动步枪，但是让每个人都装备一支全自动步枪这种做法太莽撞了……根据我作为武器指导员多年的战斗经验，我敢说半自动步枪的命中数能比全自动更多。我很确定，全自动射击是在浪费弹药，而且即使不浪费弹药，在前线想获得补充也已经够困难了。

战后，美国人的轻量化步枪项目搞了一大堆东西，而在欧洲人的眼里，它们毫无价值。特别是英国人，在比利时和加拿大的帮助下，他们勇敢地试图用改进版7毫米弹的测试结果来说话。斯塔德勒上校选择无视它，事实上，大西洋两岸感兴趣的设计师和工程师开始认同并模仿突击步枪的概念时，守旧的美国陆军总指挥部却不以为然。在他们看来，为什么要装备突击步枪？美国陆军军械局的任务就是设计并生产需要的新设计，所谓的新设计就是使用.30口径T65E3弹，在推荐的范围内能够生产的也就是这类武器了。

说起《美国步枪手》杂志上柯林斯将军的这篇文章，一个月前（1952年2月）的期刊上还有一篇文章，作者是克雷布雷尔，标题为“山姆大叔的新型自动步枪”（也就是T25）。由于杂志编辑需要一定的时间，所以这篇文章应该写于1951年夏天的某时，那时斯塔德勒上校仍选择支持T25步枪，结果这篇文章刊登后就显得相当尴尬了。轻型步枪的发展工作在1952—1953年的冬天暂时停顿下来，所有注意力都集中到了具有里程碑意义的1952年本宁堡陆军地面部队测试上，在结果出来之前，春田兵工厂几乎无事可做。而春田兵工厂轻兵器研究和发展中心的指挥官迈尔斯·B. 查特费尔德上校却忙得不可开交。他奉命和斯塔德勒上校以及陆军地面部队的代表参加一个1953年3月5日—6日在五角大楼举行的会议，讨论刚出来的1952 年AFF（陆军地面部队）3号测试的报告草稿。会议的一个意见是，春田兵工厂应该做得更好。查特费尔德上校了解到，根据测试局的意见，他只有短短4个月可以用来改进自己的T44步枪。

测试局表示T44步枪和M1步枪在精度、武器效率、安全性、使用的简易性方面没有明显差别，但T44步枪全自动射击时效率比半自动低。T44步枪比M1更耐用、更可靠，也很适合作为白刃战的标准步枪。另外，T44比M1轻689.5克，不过由于使用20发弹匣，所以减重的优势会被些许抵消。

测试局还表示，T44步枪如果想替代.30 M2卡宾，那么现在还是太重了。另外，T44步枪比M3A1 .45冲锋枪长了55.88厘米，全自动射击时，精度还不如后者。都装满弹时，T44只比冲锋枪轻9克，而冲锋枪弹容量有30发，T44只有20发。测试局还指出，采用单一武器系统（即T44）能简化弹药和备用零件的供应问题。测试局研究了测试结果后，建议设计用于替换M1的步枪时，不要再钻研如何实现全自动射击，还建议不要用可拆卸盒状弹匣供弹的步枪来替换M1。

从10月1日开始，FN步枪会被送到北极（阿拉斯加）来接受更复杂的冬季测试。AFF测试局已经暗示，如果只能根据1952年的测试结果做出最终结论，那么他们会选择FN步枪。

.30口径T44和T44E1轻型步枪，1953年改进版

在五角大楼的会议上，已经提交并讨论过对T44硬件的改进，他们最终协调后就以下事项达成一致：

1. 要安装一个上部拉机柄。从此以后，弹匣会被认为是步枪的半永久部件，而不是像通常那样经常被拆卸。在开膛状态下，使用漏夹来完成装填。

2. 一些弹匣容量被减少到只有10发，且为了强调它们半永久的特点，改装了弹匣释放扳机。要想拆下10发弹匣的话，就要先拆下扳机护圈，这样改装后的步枪只能半自动射击。

3. T44的一种重枪管版本，也就是T44E1，安装了一个射速减速器，这样它的全自动射速就会降低到理想中的每分钟350—400发。

另外，还要求T44在恶劣环境下的可靠性要更好；弹膛部分的过度摩擦也表明，需要在弹匣上做更多工作。然而要完成这些硬件改装工作，时间充其量是勉强够用。因此，尽管加兰德T31步枪的弹匣

已经证明比T47的弹匣更好，但在没有接受任何严肃调查的情况下就被用到了T44上，并在1953年与FAL步枪同台参加残酷的二次测试。1953年4月30日退休之前，约翰·加兰德最后一款基于M1的项目就是T20E2 HB，其射速减速器被直接用到了新型的T44E1重枪管步枪上。

完成这些改装并清理步枪后，已经没有时间进行调整和试射了。当时的春田兵工厂R&D步枪和手持武器单位的领导厄尔·哈维（即之前主持T25和T47步枪项目的那位）正在准备官方的三个版本T44步枪手册，标题为"研发材料备注，.30口径T44和T44E1步枪"，发布日期为1953年6月25日，手册（见本书第48页）描述了三个版本的T44步枪。

查特菲尔德上校亲自把1953年改进型T44步枪提交到本宁堡，时间正好就是7月1号截止日期前。罗伊·E.雷尔（Roy E. Rayle）上校于1953年7月接替查特费尔德上校出任春田研究发展分部的指挥官。之后他把他在春田兵工厂的经历汇总成了一份非常有趣的手稿，现已整理出版，标题为《流弹：一位武器研发者生涯中的故事》。在这儿引用必不可少的几段，来描述T44在之后关键的几年里的发展：

……到了1953年7月，门罗堡（Fort Monroe，陆军地面部队总部）要求本宁堡进行一系列测试并准备最终报告，来决定是否采用新步枪。也就是说，在北极测试之前进行的夏季测试，就很有可能会决定T44的命运。

研发材料备注，.30口径T44和T44E1步枪

三种型号

1．.30口径T44步枪（半自动版）是T20E2步枪的一种轻量化版本，只能半自动射击。但是，如果把上面的假快慢机换成T20E2型的快慢机的话，依然能被改造成为全自动或半自动射击。这款步枪采用导气式运作原理，重约3.742千克，全长1092.2毫米。

2．.30口径T44步枪（带减速器，可全自动或半自动）同样是T20E2步枪的一种改进型，可以选择全自动或半自动射击。它的扳机架组件上安装了一个射速减速器，意图通过延迟释放击锤来降低全自动射击射速。

3．.30口径T44E1步枪（重枪管）依然是T20E2步枪的改进型，同样也能全自动或半自动射击。它装有重枪管和射速减速器，以进行持续全自动射击。采用导气式运作原理，重约5.443千克。重枪管型的精度很好，装上瞄准具后甚至适合进行狙击。

弹匣系统

T44（半自动版）使用的是一个半永久的10发双排盒状弹匣。弹匣从枪械底部装入，用常规的方式挂住。如果要从步枪上卸下弹匣，就要先打开扳机护圈，分解或清洁步枪时才会拆下弹匣。这款步枪用5发桥夹从机匣上面进行装填，利用桥夹手动把子弹从弹夹上剥离并装入弹匣内。

▲ T44 1953年改进型及其弹夹装填器。

T44（选择射击版）既可以使用10发半永久弹匣，也能使用20发快速换装弹匣。使用半永久弹匣时的弹匣扣机构可以替换成20发盒状弹匣使用的快速更换弹匣扣。这款步枪现在装着假快慢机，也可以换成T20E2型的选择射击快慢机。

.30口径T44E1（重枪管）步枪有一

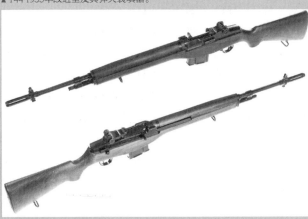

▲ T44（10发弹匣半自动版）。

根重枪管、一个重枪托和射速减速器。它可以选择全自动或是半自动射击，配装有20发快速更换弹匣系统和5发再装填弹夹，这款步枪也有两脚架和枪托肩板。

这三款T44步枪都装有消焰器，装在机械瞄具前准星上。机匣上是一个M1型的觇孔式照门。为了评估的需要，装备减速器的轻重T44版本都有一个缺口式照门作为觇孔的替代品。为了装上这个缺口式照门，特意提供了一种特殊的护手。使用缺口式照门时，需要拆卸掉机匣上的觇孔式照门。

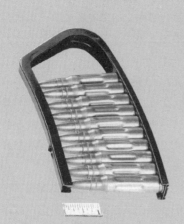

▲ T44和M14使用的弹夹。

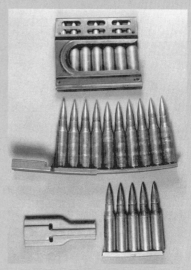

▲ T44 1953年改进型和它的弹夹装填器。

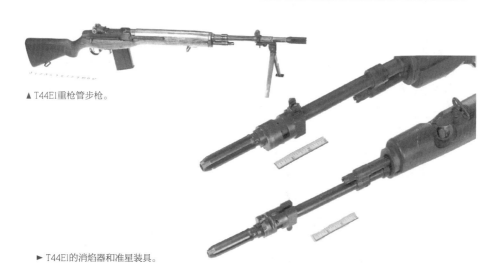

▲ T44E1重枪管步枪。

▶ T44E1的消焰器和准星装具。

军械局里的总体印象是，为了得到军械局的批准，FN比我们春田要努力得多。我们总是想着要围绕着新弹药来重新设计T44的机构，但走走停停的进度限制了我们努力的成果，而且由于这款步枪是后加入竞标的，所以时间总是不够用。约翰·加兰德很欣赏气吹系统，对在他的T20E2基础步枪上采用切断式导气系统抱有一定怀疑态度。加兰德先生在我就任的一个月前退休了。我们做了新的安排，他可以接受报酬继续来我们这儿做基础顾问。但是实际上他更倾向于以严肃的态度对待他的退休，更喜欢在温彻斯特广场享受玩跳棋的乐趣。

刚在本宁堡送走T44步枪的查特费尔德上校回来后就向雷尔上校做了简单的说明，前者觉得T44项目尽在掌控之中，没有什么需要担心的。雷尔上校回忆道：

几天后，我们收到了一通来自勒内·斯塔德勒上校从五角大楼打来的紧急电话。T44步枪的表现似乎不是很好，需要一些一手资料。根据安排，我在下一周要跑到本宁堡与斯塔德勒上校办公室的吉姆·格罗斯曼会面……

陆军地面部队代表凯利上校说，所有关于步枪和机枪的测试必须在7月25日前完成，然后在8月6日前把所有的测试结果提交到门罗堡的陆军地面部队总部。就算是没有完成试验，也必须按时提交报告……鲍勃·克拉格特少校主管步枪测试。

克拉格特少校向我展示了他们如何测试步枪，然后我在射击场试射了T44和FN。很显然，T44的故障率比FN更高，但在7月的前几天并没有宣布这个问题。T44经常遇到类似供弹故障这样的问题，机构的某些地方过于脆弱，弹匣也有问题。克拉格特少校怀疑是弹匣的问题。他提到1952年秋天测试的时候，T44和T47都遇到了弹匣的问题，而且查特费尔德上校和厄尔·哈维上校也表示需要在弹匣上搞更多工程工作。

在T44上的一些区域，可以看到其采用临时改装的T20E2机匣而不是为更短的弹药重新设计所带来的痕迹。我们给别人的总体印象大概是，春田兵工厂没有尽全力改进步枪。

雷尔上校偷偷地给FN团队解答了拉鲁先生的参数图纸在美国步枪测试中数据的透明度：

格罗斯曼上校……向维内尔先生（FN在测试中的主要代表）解释了当时的情况。当时有很多安全规定，意在只有需要的情况下才传递机密信息。测试结果就是机密信息之一。FN原则上能知道所有FN步枪的测试结果，但他们"不需要"知道T44的测试结果。FN步枪哪里出现问题时，FN能很清楚地知道，并很自由地讨论可能的解决方案。但是FN可没有资格知道他们的步枪和T44相比如何。虽然军方感觉这对FN步枪的发展没有任何害处，但从FN的角度看，测试结果时他们将不知道自己是领先还是落后。同样，这条准则也适用于其他进入美军测试的步枪的公司。

1953年7月底，盖恩上校正式卸下春田

兵工厂指挥官一职，哈伦上校接替他成为临时指挥官。第二年，克罗（W.J.Crowe）上校接任该职位。雷尔上校作为研究和发展部门的领导，在克罗上校上任后不久就进行了汇报。雷尔上校描述了在本宁堡的经历以及测试状况，提醒克罗上校T44就是在扮演失败者的角色：

有一点可以确定的是，本宁堡的工作人员在8月初把他们的报告提交到了门罗堡。他们在这份报告中建议淘汰T44，只继续发展FN步枪。审议了一星期后，本宁堡的陆军地面部队总部在约翰·E.达尔奎斯特（John E. Dahlquist）将军的指导下，修改了报告的建议部分，允许T44作为对照组参加北极测试。如果北极测试证实了本宁堡测试的结果，就淘汰T44。

那时，FN步枪似乎毫无疑问会成为美军未来的步枪；被允许参加北极测试绝不是"再给T44一次机会"，只是给FN步枪找个参照物，来帮助判断极寒环境下步枪的表现。军械局首席办公室的消息是，T44步枪要在它的最后一次机会——11月1日在阿拉斯加大三角的北极测试之前，做好一切准备。弥漫在兵工厂各处的总体感觉是，1953改进型T44步枪已经死定了，也不值得再在上面浪费任何研发资金。这个令人沮丧的消息传来时，斯塔德勒上校刚在1953年8月31日退休；替换他的是其下属和"得意门生"，弗雷德里克·H.科恩博士（Dr Frederick H.Carten）。

斯塔德勒上校决定在做一番斗争之前决不放弃，即使要面对的是FAL广大用户

的好评，他还是觉得T44有一线生机。当时不仅有克罗上校做他的靠山；就连军械局主席福特将军看了步枪测试中美国人的惨状后也是忧心忡忡，表示会欢迎任何改进T44的尝试。斯塔德勒上校退役后，春田兵工厂研究发展部门近10年来的扩展和自由化也始见成效：现在在官僚系统中关于技术决议最终责任的那片"无人地带"中，有更多空间可以自由操作。雷尔上校的研究发展部门由350人组成，当时约占春田兵工厂总劳动力的10%。在预算和劳动负担的限制下，他们开始了一项大胆但协调一致的项目，准备让T44参加它和FAL的"暴毙"测试（主要是泥泞和极寒环境下的射击测试）。

1947年以来，劳埃德·科贝特以及基于M1的T系列步枪项目首次得到了一些帮助：首先对弹匣进行了一次彻底的检查。没有更改加兰德T31弹匣的基本形状和轮廓，改进工作集中在：

1. 减少现有设计两片抱弹口的摩擦；

2. 对弹簧力进行了测量和分析；

3. 对所有零件进行检查并抛光，在内工作面上使用了干式润滑二硫化钼涂层。

就像雷尔上校所说的那样："所有人的意识中都坚信，这是我们最重要的工作，所有工作都齐心协力。"他们还为T44生产了一款令人满意的冬季扳机。另外，在抵地状态下发射榴弹产生的应力使得枪托开裂的问题也在两天内解决了：在枪托上安装了一个金属衬垫作为加强件；厄尔·哈维设计了一种新的自动泄气气

▲（本页及下页图）T48接受测试。

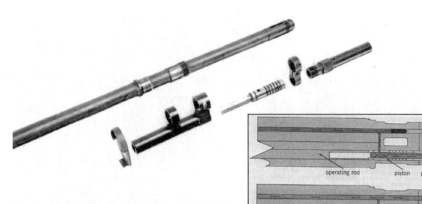

operating rod   piston   gas cylinder plug

operating rod   piston   gas cylinder plug

▲ M14导气系统实物及示意图。

塞，只有发射榴弹气压过剩时，这个气塞才会打开。他申请了这种装置的专利，在春田1953年10月的副刊中也有描述：

泄压阀

T44步枪的导气系统有一个自动泄压阀。在气压高于步枪正常值时，这个阀门就会释放过剩气体。这样，只要设定好泄压阀，射击膛压高于正常值的弹时，就不需要对导气系统做更多的调整。

这种自动泄压的调整方式可以使步枪不调整导气系统就能发射枪榴弹，哪怕发射榴弹使用的空包弹膛压比普通弹高得多，通气时间也长得多。

泄压阀包含于导气筒塞组件内，通过一个螺旋压簧固定，也就是用这根弹簧来控制泄气的阀值。

对T44步枪进行的拼命的补救还在进行。到9月底，沙尘测试下的表现有了很大提升。在兵工厂的冷冻室内也重复了试验（最低能达到零下53.9度），测试马上就暴露了一系列令人沮丧的关键问题：簧力随着温度的改变而改变，枪管上导气孔的直径和功率级需要重新计算和调整，由于

空气的物理性能出现微量变化，步枪和子弹被极冷的空气冻住了。这些可以说是雷尔上校及其团队最幸运的发现。

T44被打包运往阿拉斯加大三角，靠近费尔班克斯的陆军北极测试部门。测试开始时间是1953年12月8日。由于FN步枪在寒冷环境下表现受挫，韦维耶先生也急忙从比利时赶了过来。测试到1954年2月全部结束，看起来，结果是T44有微弱的优势，之前受欢迎的FN步枪让美国测试人员大失所望。由于韦维耶先生建议把导气孔调得更大，导气气压增加，致使FN步枪的运作非常粗暴，还有零件损坏了。

回到春田兵工厂，检查返回的T44步枪时，雷尔上校很高兴地从科恩博士办公室听到：北极测试已经"完全改变"了步枪测试的局面。未来会有对两款步枪的进一步对比测试（先是在本宁堡，然后是在

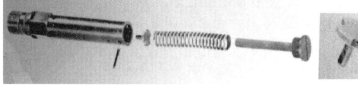

▲ 厄尔·哈维设
计的泄压阀。

▲ T44和T44E1的泄气阀。

阿拉斯加），而非直接列装FAL。如此一来，春田有了喘息之机，得以更全面地审查T44步枪。寒冷气候测试时，哈维先生的泄气阀设计表现不是很好。它有时候被卡在半开放状态，造成步枪丧失操作气体，有时直接造成故障。于是他决定放弃这个设计，转而在气塞上安装一个手动关闭阀门。减速器也有问题，于是在准备进行新测试时，试验了一下低射速是否真的能提升命中率，结果没有发现明显的提升；军械局也规定，只有在减速装置不影响可靠性的情况下，才会接受更低的射速，因此减速器也被抛弃了。

.30口径T44E4轻型步枪

　　雷尔上校总算看到了T44步枪重现生机，该枪也开始真正被高层严肃地对待。小组现在可以重新设计适配51毫米弹壳的机匣，而不是继续凑合使用T20原来为63毫米弹壳.30 M2弹自动射击而设计的长机匣。与此同时，美国的"轻量化"弹药也被北约正式采用，于1954年通过了其标准规范，即"7.62毫米NATO"弹。研发人员马上冷静地意识到，虽然取得了长足的进步，设计、绘制、标注、确定公差以及生产新机匣的任务对春田兵工厂来说也

不是什么难事，但仍需要足够的人力和时间。承接这些任务的厄尔·哈维估计，以他现有的每日工作量，完成新机匣要花费两年之久。美国地面部队不会等那么久，FN公司也不会。雷尔上校决定利用"后斯塔德勒上校时代"新出现的活动自由，寻求外界帮助。他在《流弹：一位武器研发者生涯中的故事》中写道：

　　……杜立少校指出，在纽黑文经营一家小工具模具车间的大卫·马修森（David Mathewson）在我们的车间超负荷时帮助过制造武器，且完成得很好。他总是有空，而且开销很少。开销少是因为大卫的管理工作都由他妻子负责。最近大卫雇用了一位轻兵器设计师，并在寻找结合制造的工程工作。赫尔曼·霍桑同意让加兰德作马

修森的顾问。加兰德已经同意做我们兵工厂的顾问，但很快就有点恼火地发现，如果他在兵工厂工作，就会失去自己的退休金；因此，他对回兵工厂做顾问工作没什么兴趣。赫尔曼报告说约翰更倾向于给马修森做顾问这种安排，尽管这意味着取消他和兵工厂之间的顾问约定。和马修森讨论之后，他同意在6月提交第一支步枪，夏末交付剩余部分。签订了正式议案和限时合同。不久之后，我在前往纽黑文开第一次工程会议的路上遇到了约翰·加兰德和斯坦费希，大卫·马修森则在准备暂定的布局图纸。大卫和约翰·加兰德觉得弹匣抱弹口可以被改成简单的直抱弹口，随后的上膛动作由机匣和枪管来完成，子弹无

须经过复杂的抱弹口廓。因为有了之前轻量化和消除阻塞块的经验，似乎有机会让T44比M1步枪轻一磅。约翰觉得一款优秀的步枪需要有一定的重量，对轻量化有点不冷不热，但是我们给大卫的最终指标是比M1至少轻一磅。这被认为是T44相较于FN的一个重大优势，由于设计的问题，FN步枪肯定会比T44重一磅：FN类似撅把霰弹枪的铰接设计会重0.5磅；T44是简单的M1型前端闭锁，而FN采用后端闭锁枪机，枪机框开锁，这上面又多出0.5磅。

由此，马修森工具公司接到了设计并制造第一款短机匣T44步枪的订单，约翰·加兰德作顾问。合同一共要求12支步枪，第一支要在1954年6月1日前完成，第

◀ 退休后的约翰·加兰德。

二支在7月1日前完成，剩下10支要在之后快速完成，其中3支装备T44E1型重枪管和两脚架。同时，1953型春田长机匣T44步枪还会继续在L.F.摩尔先生细致的指导下，于阿伯丁试验场进行测试。雷尔上校针对极寒气候条件下射击所作的特殊准备在1953—1954年的冬季北极测试中表现很好，但他承认没有时间和金钱去做其他的改进了。

1953年7月9日到1954年5月13日近1年的时间里，1953年制作的10发半自动步枪和选择射击重枪管型号已经在阿伯丁磨损殆尽。摩尔先生1954年7月7日的报告认为，1953年轻重枪管T44系统理论上可以替代现存的M1和BAR，他的报告（全文见第58页）里也包括一些他看来最好用金钱解决的问题。

看起来，阿伯丁试验场和本宁堡的陆军地面部队第3局对可拆卸弹匣的看法仍有所不同。但另一方面，他们都认为T44步枪，甚至是T44E1重枪管步枪的全自动射击能力毫无用处。两个单位都发现了各种问题：本宁堡对比T44步枪和它将要替换的武器时，发现它比M3A1冲锋枪轻9.07克，但长558.8毫米（折叠枪托时，M3A1冲锋枪全长579.12毫米）；全自动射速更低；M3A1用30发弹匣，相比之下，T44的弹匣只能带20发。而在阿伯丁负责的部分，摩尔先生则得出了T44的表现仍然不如T20E2的结论。

▲ T44E4测试时的照片。

两款美国.30口径T44步枪的测试

目的：

确认两款T44步枪的特性。

介绍：

之前在所内测试的T44步枪经过重新设计后，提交了两款新型号进行测试。一个是应地面部队10发轻量化半自动步枪的要求改进的，可以使用弹夹装填，只能半自动射击。另外一款的设计意图有点类似M1918A2勃朗宁自动步枪，有一根T44之前测试用过的重枪管和两脚架。将提交这两款步枪参加测试，以检验它们的特性。

测试细节：

提交的序列号为28和30的T44轻量化步枪，被送去进行100码台架射击测试，使用T93E1穿甲弹。两款步枪都对10英寸（约合25.4厘米）靶盘"A"目标（美军用的一种牛眼靶）进行了瞄准射击，10发一组，每支步枪都射击两组。

两款T44轻量化步枪都先发射500发T93E2穿甲弹，再发射500发T93E1穿甲弹，以验证运作情况并评估弹夹装填。为了进一步评估弹夹装填系统，也进行了一次瞄准射击射速测试。3位枪手分别对100码外的E型靶（美军常用的一种头身靶）进行3次一分钟速射。M1步枪作为对照组。

T44轻量化步枪也进行了标准的沙尘测试，每次打10发T93E1穿甲弹。

序列号为4的T44重枪管步枪参加了标准重型自动步枪测试。这款步枪没完成全自动射击，在运作和精度测试中发射了253发子弹后，就送还给了春田兵工厂。

序列号为3的步枪被送去顶替4号步枪，同样也参加了标准重型自动步枪测试。

观测结果：

T44轻量化步枪比之前的版本更容易操作，由于弹匣长度减小，可以在所有姿下自由操作。

进行T44轻型步枪速射射速测试时，枪口气浪掀起了很多的尘埃。这妨碍射手瞄准，明显地影响了测试结果。

T44轻量化步枪装填很困难。由于从弹匣卡笋上拆除了杠杆，弹匣无法方便地从步枪上拆下。因此，一般是保留弹匣，用桥夹从步枪上方装填。可以用手向弹匣中塞入单发弹药，或是在桥夹的帮助下推入多发弹药。手动单发装填时，装满弹匣需要很长时间，操作中射手还有可能因为误释放枪机而被打伤拇指

◀ 4号T44重枪管步枪。

（著名的M1 thumb）。使用弹夹装填时，子弹无法顺畅地进入弹匣。装填弹匣最有效的方法是：将枪架在台架上，两手发力，把子弹从弹夹挤入弹匣内。但这种方式也不能保证总是成功，弹药有时会和弹匣托弹板底部顶死，这时就很难在戴手套的情况下再继续装填弹匣了。几位射手在装填时被弹夹引导器和弹夹锋利的边缘割伤。

测试中，T44轻量化步枪的射速比M1步枪还低一点，这很大程度上要归咎于步枪的设计问题，而非装填方式。T44步枪装填系统的设计问题应该得到修正，使其射速至少和M1相当。但是，不大有可能通过采用20发预填充可拆卸弹匣来达到射速指标，需要进行集中研究来验证哪种弹匣结构是最好的。考虑通用性的话，使用一款轻量化紧凑弹匣毫无疑问是最好的。因为这样能使步枪更容易携带，可以在任何姿势下开火而不被弹匣干扰，而且操作速度能很快。希望还能有传统的装填方式，不需要完全打开枪机或将枪机挂在后部就能重装，不要求打完弹匣才能换弹。美国军用步枪里还没有哪个弹匣满足上述所有特性。从某些方面来说，可能需要一款不同款式的弹匣。举个例子，一款弹容量更大的弹匣在一些情况下可能并没有什么优势；这些特征现在也可以达到，但要牺牲紧凑型和重量。因此，可能在最需要的特性之间要做一些妥协。

T44步枪在它那类步枪里算是过于复杂了，这是因为它要有全自动射击的部件。由于步枪含有这些不必要的部件，所以也增加了一些不必要的重量。

T44瞄准具和消焰器的耐久性表现不好。每支步枪发射1000发之后，观察到其中一支的照门高低调整旋钮松了2格，准星的螺丝里有一颗被掉下来丢失了；这两支枪的消焰器也都损坏了。

虽然T44轻量化步枪比之前测试的版本更容易操作与射击，但总体上没有很大改进。一款使用轻质紧凑弹匣、设计合理、只能半自动射击的半自动步枪，可能在常规用途中比现在的轻型步枪更有效率。

T44重枪管步枪的特性和之前测试的T20E2重枪管步枪差不多。T44重枪管步枪（带托肩板、两脚架、枪带和满弹匣）重14.76磅（6.695千克），T20E2重枪管步枪则是15.41磅（6.99千克）。T44步枪的枪管比T20E2的短2.3英寸（58.42毫米），因此，T44的全长和瞄准基线长度都更短。T44步枪一共有129个部件，T20E2则有109个。

T44重枪管步枪的拆解和组装流程和T20E2重枪管步枪非常相似。

T44重枪管步枪的全自动射速大约是每分钟536发，T20E2只有每分钟410发。

T44重枪管步枪的半自动精度比T44轻型步枪更差。安装上两脚架时精度会受到严重影响，两脚架不仅会影响散布，还会改变冲击中心，这在全自动射击精度测试中尤为明显。使用两脚架时，射手试图在全自动射击时控制枪械，然后枪口被向上弯曲了。装在消焰器上的两脚架的自由运动程度太大。另外，还观察到由于枪管上的消焰器自由运动，在序列号为3的步枪上，弹头击中了消焰器的叉上。

使用T44重枪管步枪时，观察到了一些不好的问题：

射击了大约20发之后，枪管发出的热浪就会影响瞄准。

扳机机构设计得很差，3号步枪射击时，有3次只扣下一次扳机就打出两发子弹。4号步枪全自动射击结果让人不满意。3号步枪上使阻铁脱离扳机所需的扳机力忽大忽小。再装填后第一发的扳机力普遍较小。减速器增加了武器的重量和零件数目，使得拆解和组装步枪更困难，机构的脆弱性造成了很多故障。

枪托过大，使步枪难以操作。

由于枪托外形不佳，步枪射击时很不舒服。在卧姿和台架射击了180发之后，一个射手的脸肿了。向下折叠托肩板后，射击时3号步枪的支撑效果很差。升起托肩板后，其支撑效果没有在M1918A2勃朗宁自动步枪上那么差，这是因为托肩板和枪托之间的角度设计得不错。但是，由于钢制枪托底板和肩膀的轮廓不贴合，枪托的其余部分让人感到很不舒服，甚至在穿棉衣时也是这样。

弹匣难以装填，弹匣的前端要先挂在导气杆弹簧导轨上，再旋转后方，以保证与弹匣卡笋的结合。弹匣必须要从步枪下方插入，所以射手没法看到它是否正确连接到步枪上了。因此，若想快速完成换弹匣动作，就必须在训练上投入可观的时间。然而在射速测试中，即使是有经验的射手，也出现了用满弹匣更换空弹匣后试图射击时，弹匣由于没有很好的接合而脱落的情况。耐久性测试中，一位射手试图在插入满弹匣后射击。步枪哑火，弹匣又从步枪上掉下来了。弹匣掉到地上的时候基底从弹匣壁上分离，导致弹簧、托弹板和里面的弹药都从弹匣里蹦了出来。另外，拆下弹匣后，由于托弹板顶住了弹匣壁，很难再塞入第一发弹药。

还观察到，照门上受到的压力会很明显地改变其调节刻度。

射击时导气筒塞松动了，和之前测试的有类似部件的型号一样。如果在导气筒发热时把导气筒塞塞紧的话，冷却后必须要使用老虎钳才能把导气筒塞拆下。

T44重枪管步枪自动射击表现和T20E2重枪管步枪差不多，两者表现则都差于M1918A2勃朗宁自动步枪。它和之前测试的各个型号一样，对100码（91.5米）的E型靶射击时，半自动比全自动射击更有效。在相同的时间里，全自动射击时取得的命中数只比半自动射击多50%。射击步枪时发现，打点射只有第一发弹有较高的命中率。由于这发弹和半自动射击的方式一样（而且如果射手技术相同的话，结果也应该是相同的），因此不应该把它考虑在全自动射击内。这样的话，很显然全自动射击不是很有效率。基于这个事实和其他测试资料，对于这类的抵肩射击武器，只使用半自动更有优势。

T44重枪管步枪在测试中的运作和耐久性表现比T20E2重枪管步枪和M1918A2勃朗宁自动步枪都差。测试中，3号步枪弹膛附近的枪管升温严重。这说明这支步枪在测试之前就已经射击过很多发了。所以测试结果可能受到之前射击的影响。

最多的损坏和故障是全自动射击减速机构所致。减速杠杆是一个相对复杂的部件，围绕着一个小的空心轴旋转；在测试中这根轴断了三次，而且其断裂会造成危险状况。举个例子，有一次轴在测试中断了，之后步枪仍然在自动进行全自动射击，直到弹匣打完。轴断了以后，步枪也有过无控射击（在松开扳机后仍在击发）。还有一次轴断了的时候，步枪在上膛的过程中就击发了。也有无法开火的情况出现。另一个小而脆弱的部件是减速器杠杆弹簧；测试中弹簧损坏时，步枪就不能全自动射击了。击针和枪机也由于和

▲T44轻量化步枪（上）和T44重枪管步枪（下）。

减速器杠杆接触而损坏。击针不能在枪机内自由运动时，它的柄被挂出了毛刺。由于这个缺陷，有一发弹药在步枪闭锁状态下自动击发了。减速器机构还有可能使其他步枪的损坏率增加。

弹匣最后一发弹药击发后，不规则的弹匣造成很多次空仓挂机失败。

一些部件在测试中脱落了。有一次准星掉了下来，调节螺丝松动了。

两款T44步枪的消焰器耐久性都不能令人满意。之前测试的这类抵肩武器，其消焰器的耐久性也都令人难以满意。另外，消焰器还有一些严重的缺点，特别是自动步枪射击时，容易受其振动的影响。

所有的部件在射击时都有松动的趋势。举个例子，T44重枪管步枪的消焰器就有明显的松动，以至于弹头打到它的叉上；这些部件和枪管的连接方式设计使得想要拆解时，就必然会造成它们之前的自由运动。另外，在测试中进行半自动射击时，即使是台架射击，不管有没有两脚架，枪口的松动部件都会严重影响精度。虽然三叉式消焰器可能比喇叭形消焰器效率更高，但观察发现，其缺点可能可以盖过任何消焰上获得的优势。测试了那么多有缺陷的装置后，我们认为应该进行测试，以确定使用某种特定弹药时，枪管长度短到什么程度时，枪口焰会大到不可接受。或许会发现，增加枪管长度就不需要再装消焰器了。射击一些枪管长度裁短的步枪时，枪口焰明显会大很多。使用T93E1弹时，21英寸枪管上仍会有较大的枪口焰，而22英寸枪管上则会小很多。因此，枪口焰的大小受枪管长度的影响可能会很大。合理地增加枪管长度可以显著缩小枪口焰，其带来的优势如下：

1. 枪口气浪或许也会随着枪口焰的减小而减小；

2. 弹头的初速可以更高；

3. 因为消除了松动部件，步枪的精度可能会得到提升。降低子弹打中枪口装置的概率。另外，准星也可以直接装在枪管上，可以消除部件运动造成的瞄准误差；

4. 瞄准基线可以更长，减小瞄准误差；

5. 步枪的零件数能减少，制造成本也可以更少；

6. 步枪在野战中钩挂杂物的可能性会下降。

结论：

减小T44轻型步枪的弹匣长度可以让这款步枪在任何姿势下射击时都不受弹匣干扰。由于这项改进，步枪还变得更易于携带。

自动射击精度测试的结果显示，T44轻型步枪去掉全自动射击功能反而是个优势。然而，目前还没有步枪去除为进行全自动射击而设置的装置。因此，步枪没必要更重更复杂。

装填弹匣的辅助工具还在设计中。

除了上述两项有利的改进，其他T44已有的良好属性在这两款型号中也有保留。

T44重枪管步枪和之前测试的T20E2步枪属性相似。然而，T44的运作和耐久性表现比T20E2重枪管步枪还差。

与两款T44步枪上的消焰器类似的装置在之前的测试中耐久性就不好，这次T44的耐久性表现也难以令人满意。

从1950年参加英国的测试算起，比利时国营赫斯塔尔公司已经走过了很长一段路，这很大程度上是源于公司总裁勒内·拉卢先生的决心和驱动力。他们的FAL轻型自动步枪刚刚被官方正式采用：1953年7月，加拿大签订了合同，将FAL作为新型制式步枪。甚至有段时间，美国军械局也订购了3000支FN FAL步枪，即T48。这个数量的订单对于FN公司来说，似乎是T48标准化并成为美军下一代抵肩射击武器的最后一步，但这一步终究没能迈出。1949年，斯塔德勒上校的T25步枪获得部队的尝试性订购，却被英国A.D.E推出的EM-2步枪击败的戏剧性一幕将再次上演。

随着新的一年的到来，美国设计的7.62×51毫米NATO弹也终于得到了正式采纳和规范。英国在1954年1月和加拿大完全站到了同一战线，以实验目的采购了两款FN北约口径步枪，也就是"X8E1步枪和X8E2步枪"。其他国家也开始纷纷效仿。现在，整个北约都把目光转向了美国。1952年，杜鲁门和英国的丘吉尔首相以私人约定的形式葬送了EM-2步枪；现在，这种力量似乎正在要求美国采用FN步枪。当时漫长、昂贵，有时还很激烈的北约弹选型，最终以斯塔德勒上校的T65 .30口径弹成为新的北约弹而告终。大家显然都认为，"作为交换"，美国应该采用FN步枪。

T44在1953—1954年的北极测试中获胜，神奇地起死回生了。另一方面也让

▲ M14（T44）和它计划要替换的对象，由远及近依次为：M3A1冲锋枪、M1卡宾枪、M1步枪、BAR。

人明显地看到，T48一定尚未做好标准化和大量生产的准备。如果T44能获得重新设计的机会，那么五角大楼会认为只有再给FN一些投资才算公平。对出口型FN步枪进行改装、甚至是最简单的前线改装的第一块绊脚石是：FN的图纸都是以第一角投影法绘制的公制单位图纸。这些图纸需要以英制单位、第三角投影法重新绘制和标记尺寸。军械局把监督FN步枪"美国化"的全部工作都扔给了已经相当繁忙的春田兵工厂。雷尔上校现在发现自己就像曾经的斯塔德勒上校一样，处于"如坐针毡"的境地：春田最新的美国T48步枪项目意在制造一支美国图纸、美国测试、美国公差以及美国制造的T48步枪，要求和比利时那些公制的、手工装配的产品一样

好或是更好。如果美国人的产品更差，非但不会对T44项目有一点帮助，反而会损害兵工厂的基础功能——进行轻兵器简单研发的能力。

大概研究了拉卢先生提供的公制FN图纸之后，春田兵工厂的工程师发现转换到英制单位绝不是一件轻松的工作，最好的方案是向市场投标。因此，春田和康涅狄格州纽黑文的高标武器公司签订了合同，委托其绘制军械局要求的英制图纸，所有部件的公差都要满足零件互换性。为了证明自己的图纸有效，高标武器公司还要生产两支T48，且要在1954年9月前准备完毕。这年的6月，大卫·马修森向春田兵工厂如期提交了第一支短机匣T44步枪。

根据五角大楼1954年初的决定，将对这两款步枪进行生产性研究。军械局工业部的主席约翰·布鲁斯·梅达里斯（John Bruce Medaris）将军授权这两种型号（马修森设计的新T44和T48）各生产500支。在同样使用美国制造方式的前提下，对这个批次步枪的测试会被总结成一份最终报告，决定哪款步枪最优。这些步枪要在1955年4月前完成，最初是准备使T44和T48都通过合同的方式，让美国的私人工业公司生产。朝鲜战争时期的M1步枪生产商——哈林顿和理查德森（H&R，以下用简称）公司和国际收割机公司进行了投标。H&R公司得到了生产500支T48的订单，但国际收割机公司T44的投标价格太高了，因此，朝鲜战争中M1步枪的第三个制造者（也就是春田兵工厂）获得了500

支T44的订单。

1954年夏季，作为军队人员的常规轮换，本宁堡陆军地面部队局的人员被广泛地更换，也引入了新的模拟战斗科目：在现实战斗环境中，步兵的面前会出现随机、不定时，各种距离和样式的弹出靶。在军械局内，指挥官克罗上校退役，接替他的是D.J.卢德伦上校。到了秋季，军械局首席办公室认为，让春田同时负责两款处于竞争关系的步枪的研发，这种少见的做法似乎有点问题；未来可能会有人批判说在这样的双重项目中，春田肯定会偏向于T44，进而影响兵工厂和军械局的名誉。T48项目因此转由波士顿军械局分区接管，它一般负责军械局的监管领域。

第一批12支T44步枪中的第一支于1954年6月提交，次月提交了第二支，并被正式命名为T44E4。雷尔上校在《流弹：一位武器研发者生涯中的故事》中，记载了马修森的原型枪在春田兵工厂内的地位有多么高：

第一支T44E4步枪接受了一系列精密的、强度逐渐增加的测试。借助高速摄影，可以通过导气杆上的记号来研究合适的导气孔大小，以控制导气杆的最大速度。高速摄影还能让我们研究枪机和导气杆凸轮面的相对运动，后坐过程的开始时刻和结束时刻也都能观察。这样的辅助手段可以快速纠正一些重要表面，而不需要大量的尝试。我们严格监视供弹机构，来看它是否能够脱离弹匣上端的抱弹口。同时也在很多种环境下进行了射击测试，包括润滑、干燥、淋湿、沙尘以及极寒环境。整个夏季都在进行这样的测试。认真分析测试结果并考虑了所有情况后，制造师会进行特定的改装。完成了这些改装后，制造师和设计师会比对注释，以确认改装在精度方面符合图纸，再把武器投入测试。

1954年10月，剩下的10支马修森T44步枪也完成了，包括枪托更结实的重枪管步枪——T44E5。

春田、高标武器、H&R以及安大略省加拿大兵工厂的工程师们，合作完成了T48步枪的英制化测绘。他们的共同目标是，让加拿大版本的FAL（即C1）以及美国的T48尽快进入生产状态。因此，计划中的1954—1955年北极测试会推迟一段时间，以让落后于时间表的高标T48步枪也能进行测试。最初的计划是会有11支步枪进入测试，包括马修森的T44E4和T44E5，FN制造的T48和T48E1，以及高标的T48。完成北极测试后，它们会被直接送到本宁堡参加常温环境测试，也就是说，没有维修或改装的时间。但高标的步枪未能及时交付，导致这些测试都被搁置；最后只好把测试步枪分成两批，同时在两个测试局进行测试。

1954年12月，春田对马修森的图纸进行了重新绘图，并把它作为生产型图纸，开始制造它那500支T44E4步枪；而FN已经开始交付3000多支1953年预定的部队试验型FAL步枪了。由于在1953—1954年的北极测试中暴露出了不少问题，因此这些步枪为了维护自己的名声，宣称采用了通用化的理念——同一武器有轻枪管和重枪管的版本，以对抗之前美国M1和BAR的组合。同时他们还指出，数量更多的FN步枪能进行更有效的、部队试验级别的测试，而其他竞选的步枪现在都还没有这么多可用。

同样是在1954年12月，雷尔少校收到了卢德伦上校的命令，在西点军校开设了不定期课程，来教授关于轻兵器发展的知识。雷尔上校在他去西点上第一堂课的过程中，获得了他人对他的"落水狗"T44步枪的鼓励，《流弹：一位武器研发者生涯中的故事》中记载到：

在第一堂课和第二堂课之间，我从西点军校的指挥官莱恩特将军那里听到了这样的话，他希望能看看我带来的T44和T48步枪的发展工作。我向官布莱恩特将军展示了这两款步枪，他查看T44步枪后的第一反应是，这支步枪真像一支"步枪"。很明显，从总体外观上看，他更倾向于T44。这是我第一次从将官口中，听到公开地对T44步枪自发的偏爱。这让我感到，T44在这场步枪竞争中被认为是"落水狗"

▲ X8E2步枪，注意其使用的是EM-2的瞄具。

的日子或许已经过去了。

1954—1955年冬季的北极测试最终在格里利堡（Greeley Fort）展开了，而测试结果是，提交的所有步枪都不算完美，马修森的T44表现最好。本宁堡的测试证实了这个结果，而且中途还不得不暂停一次，以便让FN和高标改造T48步枪，使之在沙尘测试中发挥更好。那段时间美国、比利时和英国的调查集中反映了FAL步枪在沙尘环境下恼人的问题：枪机和枪机框、枪机框和机匣的间隙太小，很容易被沙尘堵塞，造成各种问题。同一时期，

E.N.肯特莱蒙上校具有里程碑意义的沙漠研究使得他的英国X8测试步枪开了那个特殊的漏沙槽。

1955年8月，春田兵工厂正在按时生产500支T44E4测试步枪，雷尔少校这样描述这一过程：工业部的领导科扎特上校每周都要向指挥官卢德伦上校汇报T44的进程。举个例子，在8月26号的员工会议上，科扎特上校汇报说已经加工了180个机匣，其中50个已经通过了检查。一些枪管阴线直径过大，最大达到了0.307英寸（7.8毫米），但前100支步枪的阴线直径尚能保

▲ 正在接受测试的T44E4步枪。

持在0.303英寸及以下。将枪机滚轮硬化到合适程度时遇到了一些困难，但现在还是成功造出了104个硬化合格的产品。M1型的抽壳钩没有问题，但需要更重的抽壳钩簧。6000发射击试验中只发生了一次故障。预计到9月12号，可以有100支步枪通过检验。到9月22号，军械局首席办公室的代表会从中随机选取6支；视察时会重点关注击针尖、抽壳钩尖以及底火座。

春田兵工厂的记录显示，他们实际组装了510支T44E4步枪，其中8支留在厂内用来进行耐久性测试；其余的按照之前军械局的日程表在9月前完成，均按照美国标准制造，编号从1001到1510。军械局研究和发展办公室会从这个"生产批次"的步枪中随机选取一小部分进行测试。

H&R的步枪还没有完成：击针和抽壳钩损坏困扰着他们的T48步枪。另外，抽壳、抛壳和上膛失败都有发生，所有这些问题都交给了比利时和英国的军工工程师来研究。"生产样本"测试一直推迟到12月。即便到那时，雷尔上校依然提到："（H&R）进行最后组装工作时，允许特定的（T48）零件有一定公差，这样可以选择性地安装部件。"

同时，本宁堡的AFF第3局已经不耐烦地表示，至少需要一小批最新发展的T44E4和带漏沙槽的高标T48。他们对这些步枪进行了简略的测试，结果显示和T48相比，T44在故障方面得分要好得多：T44为1.4%；T48（FN）和T48（高标）为2.4%。即使是在模拟战斗环境下测试，T44在故障率方面的表现也更好：T44为4.9%，T48（FN）为5.3%，T48（高标）为6.6%。有趣的是，作为对照组的M1步枪总体故障率为5.8%（马修森的T44E4则只有1.4%）。测试局报告到，在这些测试中，早期春田生产的M1步枪作为对照组表现很令人满意，但朝鲜战争时期国际拖拉机公司生产的加兰德表现很差，把M1步枪的故障率给拉高了。

本宁堡又一次质疑这些测试是否给了美国T48团队更多的时间来进行沙尘改装。两个队伍都尽可能利用中间时间来完备他们的步枪和附件，H&R公司到1955年12月终于准备好了他们的T48。阿伯丁立即开始重新制定"生产样本"的测试时间表，遗憾的是这并没有什么用，因为H&R的步枪很快就在精度测试中暴露出了问题，没能达到要求。H&R的枪管部门之前开展了为期数星期的紧急计划，以最低限度的精度要求，尽可能快地生产了更多的枪管。然而没人注意到这些枪管图纸的精度上限标错了，这一系列的错误最终导致生产出的枪管过大，精度很差。

1956年春季，美军准备让所有测试进入最终阶段。长时间的拖延已经让陆军高层彻底反胃了；五角大楼、本宁堡和门罗堡之间的关系开始变得复杂起来。雷尔上校描述道：

本宁堡和门罗堡在1956年2月搞出了最终测试的计划。从1956年4月开始，T48和T44之间会进行最后的、完整的竞争性测试，双方都是最新型号。会从特定缺陷、总体可靠性以及本宁堡几年来的测试等方面来评估测试结果。无论最终是谁被选中，新的陆军步枪都不会再接受更多额外的测试。

然而，1956年测试实际上并不完整：所有人都非常焦急地想结束测试，以尽快做出决定，给长达11年的美国步枪研究画上句号。最后，只在本宁堡战斗研究中心和弗吉尼亚州匡提科的海军陆战队测试中心进行了简短的测试。即使是这样故意被加速和缩短的测试，还是持续了几个月才完成。两款竞争的步枪都被认为有所改

进：实际上，直接从数据的角度看，很难从中抉择。然而T44更轻，以及更像M1的特点无形中给它增添了优势。

轻型步枪项目终于有了成果，之前，本宁堡的陆军地面部队测试局认为所有提交的步枪都"不适合装备军队"，而在1956年的报告中，结论则是T44E4和T48都"适合装备军队"。五角大楼则更倾向于T44E4，因为它更像M1：至少这是一款美国血统的步枪。他们自信地认为，这些共同点更有利于部队训练和步枪制造。另外，T44E4比T48轻一磅，部件和弹簧更

▲ 测试中的T48步枪。

少，导气系统也不需要手动调节导气量。

雷尔上校这样解释接下来的事：

考虑上述所有因素后，只能得出一个合理的结论：陆军应该列装T44E4。最后是由一份OTCM档案，即军械局技术委员会会议文件完成了这个过程，其中包含了项目的简要历史和描述。T44E4也获得了新的编号，即轻枪管型号M14和重枪管型号M15。其他数据，比如成本、库存以及测试结果写在另外一份文件里，并在几周前分发给了所有可能会对新步枪感兴趣的兵工厂。他们可以反对这份文件，也可能提出改进意见；五角大楼的项目工程师收集了所有这类异议，并试图通过修改文件让各方都满意。最后，在官方会议上，在场所有兵工厂的代表达成了妥协，通过了文件。至此，陆军有了一种新的步枪。

1957年5月1日，美国陆军部部长威尔伯·H. 布鲁克宣布正式采用M14/M15。最终的OTCM文件于11月14日通过。这份文件里包含所有M14定型所需的数据，并把M1加兰德、BAR和M1卡宾重新定义为"有限服役"。

▲ M15重枪管步枪（上）和M14步枪（下）。

▲ 1961年的柏林危机中，仍在使用M1加兰德步枪的美国大兵。

尾声

至此，十二年磨一剑，轻型步枪项目终于尘埃落定，美军有了自己的新步枪来替代M1。T44也由最初像积木一样组装出来的试验品，成为一支（至少在当时）比FAL更优秀的战斗步枪，这似乎是一个励志故事。然而，现实世界并没有那种美好的童话，乌龟终究是乌龟，是跑不过兔子

的。1957年，已经有成千上万支卡拉什尼科夫步枪走下了生产线。可以说，M14服役的第一天就是它退役的开始。而M14之后的生产与作战历史，痛苦程度和研发历史相比简直是有过之而无不及。在1961年的柏林危机中，冷战最前线的美国大兵居然还在拿M1步枪，这就是轻型步枪项目"努力"的结果！

M14 之死
从生产到项目的终结

1957年5月1日，美国陆军部部长威尔伯·H. 布鲁克宣布正式采用M14步枪，长达12年的轻型步枪项目终于迎来了尾声，M14成为新一代美军制式步枪。看起来，这个研发过程无比痛苦的项目终于迎来了自己的春天，然而实际上，这只不过是苦难的开始。

春田兵工厂方面的概述

军械局的轻兵器部由斯塔德勒上校创立和经营，负责研究和发展勤务部队的武器。上校退休才两年，这个部门就于1955年被永远地粉碎了。为了完成轻兵器部"下放"的工作，R&D（研究和发展）部门和OCO基于华盛顿的其他轻兵器维护和采购部门，合并成了一个新的、庞大的军械武器指挥部（OWC），总部位于伊利诺伊州的岩岛（Rock Island）兵工厂。新的军械武器指挥部全权负责全军轻兵器和火炮的研发、采购与维护——一个艰巨的任务。不用说，这带来了很多变更和拖延。在斯塔德勒上校多年的"专制统治"下形成的激烈竞争的各联盟，经历这次变动后形成了阶级分明的权力关系。岩岛兵工厂之前是军械局兵工系统里一个相对较小的仓库，之前新英格兰的兵工厂都认为

新的、包罗万象的OWC总部会被设在春田兵工厂，或者离各兵工厂比较近的东部某处，比如靠近波士顿的水镇兵工厂，横跨哈德逊河的沃特利特兵工厂或是费城的法兰克福兵工厂。

　　1955年10月到1958年1月，OWC没有为春田兵工厂的M14"生产改进"拨一分钱。1956年，春田兵工厂的500支T44E4和E5步枪仍在进行各种阶段的试验。试验结果表明，在最终定型前，还有必要对生产图纸进行一些修改。军械局的官员向OWC请求进行一项内部机械工程项目，来保证这些修改顺利进行。一旦这些工作完成，步枪的设计会被最终"锁定"，春田要求得到一份完整的技术数据包，内含与新步枪民用商业化大规模生产相关的所有数据。这项标题为"工业测绘

准备项目请求，对T44型步枪进行预生产工程"的请求在1957、1958、1959这3个财年里，一共上交给岩岛兵工厂4次，每次都被否决。

　　1957年，随着朝鲜战争时期的生产机器损耗完毕，春田兵工厂裁减了近50%的人员，将1226名员工（这已经是战后裁过的人数，20世纪50年代初厂内有3000多人）减到676名。另外，空军撤销了交给

▲ 经受30000发弹药耐久性测试的M14。

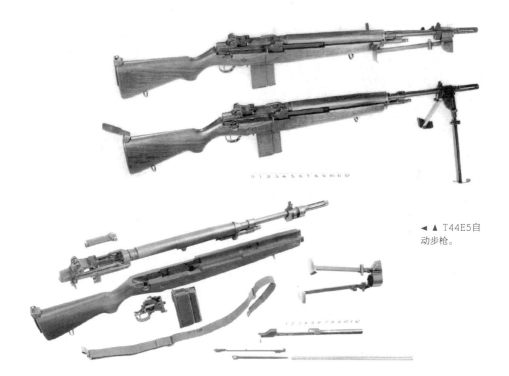

◀ ▲ T44E5自
动步枪。

兵工厂的"火神"机炮项目，转而进行阶段性的导弹项目开发。

T44E4和T44E5在1957年5月被采用，分别命名为M14和M15，但直到1958年4月，采供计划和资金才徐徐到来。到那时，CONARC（Continental Army Command，陆军司令部）早就已经开始测试尤金·斯通纳（Eugene Stoner）的.222口径AR-15步枪了。T44设计的一些基础改变也在那时完成，全镀铬枪管的规格确定下来，M14觇孔的分划也由码改成了米。1958年3月15日，岩岛的军械武器指挥部终于寄来了M14的订单；同时也在准备那份技术数据包，但是这项估计要花一年时间的工作被OWC压缩到了6个月。

春田兵工厂以它自己的TDP（技术研发准备）概念而自豪，并且充分理解这个项目的重要性。一份兵工厂的声明这么写道："成功、有竞争力的采购项目的基础，绝对是一份权威、完整且准确的技术数据包。"但兵工厂对武器指挥部的电文很不满，电文要求该厂尽快完成图纸的绘制、测量，还有检查、制造打包和制定品控标准等工作。结果，只在T44E4的图纸上保留了那些"最重要"的改变，其他可能会使项目延迟的变更都被忽视了。

武器指挥部于3月20日派军官代表团到春田，他们甚至坚持进一步缩短项目时间，春田兵工厂的工程师最后只能勉强答应。工程师们现在遇到的问题是，对生产

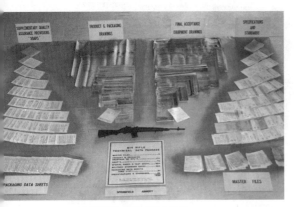

▲ M14项目技术数据包（TDP）。

型M14只能进行那些"绝对有必要"的修改，技术数据包将不会包括关于步枪可靠性、安全性以及步兵维护性的任何数据。对改进弹匣、小部件（螺丝、插销等）的重新设计以及合成塑料枪托的研究都被抛弃了。春田工业部的哈里·F. 林奇先生向OWC提交了一份警告。他在1958年3月20日的《以8月15日为期限的58条M14采购包截止线的重要性》中写道："一旦设计被投入生产，由于对零件互换率和补给不利，很多能起大作用的改进就再也不能实现了。"OWC方面没有回复。

1958年4月，春田兵工厂收到了一条命令，要求开设一条预生产线，并生产首批15669支M14步枪（之前的69支继续进行必要的测试）。次月，随着生产所需的资金流入兵工厂，员工才恢复到一千人多一点，但是很多熟练的工具、测量和压模工人都已下岗多年，在别的地方找到了工作，成为兵工厂的永久损失。由于和那时收到的其他武器订单相比，M14的订单数目相对较小，所以兵工厂更倾向于小车间作业，而不是本应该采用的大规模集中生产的方式。然而，陆军战后难以动摇的步枪采购新政，着眼于令美国民用武器工业保持在新武器生产的第一线。在此政策之下，春田兵工厂的产能被限制在每月2000支步枪。兵工厂的试验生产线当然是为更大规模的生产而设立的，毕竟兵工厂的首

▲M14的剖面图。

要作用是为大规模生产铺平道路、扫除障碍。就M14而言，目标是完善并"打包"整个生产过程，并使它可以被用于私营工业；再之后，民营企业便可在春田专家的指导下大量生产新步枪；春田的试验生产线则会作为民企产品的品控检查中心，起到次要的作用。

然而这时传来了不祥的消息：陆军向国会提交了一份激进的五年计划，即在1964年之前换装200万支M14步枪（陆军估计，最后总共需要生产500多万支轻枪管型和重枪管型步枪），但由于M14项目有着经常拖延的前科，再加上新武器概念

的蓬勃发展，国会否决了五年计划，并拒绝了提议。M14步枪的生产的确有推进，但可以说是在各方面不利因素的包围下进行的。

国防部公共事务办公室于1958年9月5日正式发布了新闻，题为"军队批准大规模生产新的M14步枪和M60机枪"。陆军准备用1959年财年（1958年7月1日—1959年6月30日）的预算来进行步枪采购案，通过民营企业生产M14步枪。陆军计划从38家曾经接过政府订单生产武器的公司中进行招标，来生产首批70000支M14步枪。为了让评估更加准确，尤其是针对

▲ 春田兵工厂，现为历史博物馆。

那些能滔滔不绝说个不停的小企业，最初计划将订单分成两份，即每份35000支M14步枪，一份签给能提供最低竞标价格的民营承包商；另一份则在劳动力富足地区的兵工厂中选择。这样的话，最初38家承包商中大约剩下12家满足要求，陆军最终选定奥林-马修森化学公司的武器和弹药部作为"最低竞标价"的承包商。奥林准备用它在康涅狄格州纽黑文的温彻斯特工厂来生产这35000支M14，每套69.75美元。这第一份M14商业订单于1959年2月17日被批准，按计划将在一年后开始交付。奥林同意在1961年3月前完成所有35000支步枪。

第二份订单于1959年4月签给了H&R公司，因为他们在朝鲜战争期间有生产M1步枪的经验，马萨诸塞州伍斯特也是一个劳动力丰富的区域。H&R预计从1960年6月开始生产M14。

1959年7月，春田已经完成了第一批50支M14步枪。有趣的是，其实并没有序列号为1的M14，M14的序列号是从兵工厂造的这批枪起算，也就是从2000号开始排。1959年7月15日美国钢铁行业大罢工，使得三家制造商库存的特种钢都不够了，这导致生产全线停工了几个月，直到年底才复工。

1959年11月，春田收到了1960财年的生产订单。根据T44E4正在进行的测试所得到的结果，引入了一些新的改进：和之前的T44E4一样，M14使用了很多M1步枪零件，包括M1的枪托底板①，此外增加了一个新的可折叠托肩板；最初的木质护手被换成了第二型，根据之前持续射击测试的结果改进而来，在侧面塞入了玻璃钢模压塑料块，以促进散热。海军陆战队发现，要在使用M14常规枪管的情况下实现可以接受的持续射击能力，护手就必须开散热孔。这份给春田的订单还包括大规模生产M2两脚架。第二个月，即1959年12月，正如前文提到的那样，M15被抛弃了。军方更倾向于选择一些枪管和弹膛镀铬、装上带肩托枪托板和嵌玻璃钢护手的普通M14来履行自动步枪的职责。可以说，陆军根本就不想给每名士兵都配发一支选射步枪；大部分M14的快慢机机构是完整的，但并未激活，步兵班里部分步枪的快慢机旋钮被替换成了一个不能旋转的按钮。

虽有以上改进，但由于预算拨的太少，很多决定的执行工作超出了控制范围。步枪项目的工程师竭尽全力来确保M14足够可靠。1960年春，越来越多的部队要求换装M14。在此压力下，国会终于加紧了采购工作。虽然1959年订单中的步枪还在厂房里生产，但H&R和温彻斯特都获得了承诺中的第二份合同。H&R于1960年2月签了第二份70000支订单，总数达到了105000支；温彻斯特在1960年4月签的第二份订单是到当时为止最大的订

---

① 实际上，M14被采用时，雷尔上校是这么形容它的"大概有110个部件，其中38个和M1一模一样"。

▲ M14上安装的快慢机锁。

单：81500支，总数达到了116500支。陆军非常希望这些步枪能按时交付。同月，春田按时完成了4245支M14步枪。为了弥补商业生产中出现的各种问题，陆军允许兵工厂在5月就把生产速度提升至每月3000支。到了6月，总共只生产了9471支步枪，而本来应该有269100支。即使达到了这个数字，也不到陆军估计换装需求量的1/6。

1960年12月，H&R制造的M14步枪在本宁堡试射时出现了非常严重的问题，几支步枪的机匣和枪机直接解体了。所有民营厂家的生产都被军械局主席叫停了2个

月，并挑选春田的工程师组成小队，拜访了H&R、奥林（温彻斯特）的工厂和两家企业的主要分包商，以评定问题的原因和严重程度；对枪机和机匣所用钢材以及制造工艺进行了调查，并开始研究一种非破坏性的检验方法，来查明已经接收的机匣和枪机是否合格。

机匣问题后来追查到的原因是，由于H&R的品控和检查程序有问题，导致进口钢中杂质超标。沃特镇兵工厂、岩岛兵工厂、法兰克福兵工厂和阿伯丁试验场也协助春田兵工厂进行了调查，很快就发现，H&R使用的替代钢材进行正常的热处理后会变得又弱又脆。这是因为其中的合金元素不足，无法和钢形成足够强的化学键。为了检测已生产机匣的质量，开发了一种电磁检测方法。一块已知品质的机匣被放入磁场中，并和另一块未知品质的机匣相连。如果机匣质量相同，那么就不会产生电流；如果分子结构不同，就会导致磁性能出现差异，如此一来就能测到电流。

问题的另一半就在于H&R制造的枪机。雷尔上校的《流弹：一位武器研发者生涯中的故事》（Random Shots：Episodes in the Life of a Weapons Developer）中详细地解释了这一点：

另外一个严重问题就是，一些承包商制造的枪机闭锁时容易断裂。这些突笋作用非常关键，它们将枪机锁在枪管节套上，开火产生巨大的膛压时将弹药保持在弹膛内的位置。这种问题会使射手射击时的危险大大增加。除了政府的冶金学家，

装甲研究协会也参与了进来，对其进行了彻底的金属学研究。他们切割了枪机次品，对断面进行显微金相观察，发现主要问题是在预定的热处理过程中，检测不够仔细。例如，为了强化、硬化枪机核心，需要将其加热到一个特定的、非常窄的白热温度区间，然后油淬快速降温；假如在油淬之前已经冷却了一段时间，或者第一次加热到的温度不够，就会出现问题。在这种情况下，会生成过量的自由铁素体，铁素体基本就是纯铁，又软又弱；其他部分的碳含量则太高了，变成了又硬又脆的马氏体。在重复载荷的作用下，机件可能会产生裂纹并生长，最终导致枪机破裂。对春田兵工厂提供的测试步枪进行几千发试射后，只要枪机热处理得当，尽管表面硬化层可能会有微小的裂纹，但不会扩散到枪机的核心。质量好的枪机自由铁素体含量少于10%，质量差的枪机含量甚至有50%。

M14项目似乎被能想象到的各种问题所困扰。越来越多的丑闻、流言和生产延迟，导致M14尴尬的项目记录所受的公众监察力度日益增强。

1961年1月—4月，为了从内部解决问题，从国防部和陆军中挑选出了一支队伍，即"项目110"，他们调查了所有M14的生产工厂。这支队伍的调查结果使得军械局武器指挥部发布了第164号工程命令，要求H&R和温彻斯特进行更严格的热处理和检验程序。民营承包商不满地抱怨道，这完全更改了合同的内容，使合

▲ H&R生产的M14枪机。

格的机匣制造成本更高，但军方坚决要求在重新开始生产前落实热处理程序。110项目组还收集了两个民营承包商至今生产的所有M14步枪，将它们送往力登兵工厂进行再检测和机匣非破坏性测试。这样一来，又找出并剔除了1784支有机匣问题或其他缺陷的步枪。由于春田兵工厂更加专业以及"老字号"的品控，因此受这些严重事故的影响很小；实际上，第三份订单也于1961年3月签给了兵工厂，多达70500支。春田兵工厂的生产能力又被允许恢复到每月5000支步枪。

如果一定有人要为M14项目的差劲表现承担责任的话，那只能说非OWC的领导莫属。"项目110"的调查结果使得M14步枪项目出现了一个新的核心职位——"项目经理"。最合适的人选便是埃尔默·J.吉布森将军，也就是后来岩岛兵工厂的军械武器指挥部的指挥官。吉布森将军被要求加快三家工厂生产M14的速度，可以采取任何他认为必要的方法。不过这份最新发布的核心文件，的确很有助于项目的进行。吉布森将军有了"实行广泛权力的极权"后，可以通过削减繁文缛节来

干实事，进行了很多改革，极大地促进了M14的生产。他的一项提议是，应该增加第三位民营承包商，这样可以增加项目的竞争强度，并减少换装所有部队所需的时间。稍微改变了一下之前沿用的基本规则后，这项提议被采纳了——承包商的步枪生产价格应该始终如一，不能像温彻斯特和H&R一样，以"不可预见的额外开支"为由提高价格。之前的"最低价格竞标商"概念由此被丢进了垃圾桶。另外，为了激励厂家按时生产，提前交付的步枪可按支领取一定的奖金。在这种情况下，同意的公司要在可能损失利润的前提下，确保其竞标方案可行。

1961年3月，共有42家公司于参加了M14第三家民营承包商的竞标。H&R作为M1步枪生产商时业绩就很差，但它还是拿到了M14的合同。第30号竞标商"西弗吉尼亚武器公司"是一家H&R的附属公司，尽管调查后发现，它们的"办公室和工厂"居然只是一片起伏的农田，但公司位于劳动力资源丰富的地区。不论如何，在政治作用下，政府的小企业管理局还是把这家公司列为可以参加竞标。陆军当然不同意，虽然H&R在政治上耍了很多花招，让"西弗吉尼亚武器公司"进入了官方招标行列，但陆军仍有最终决定权。

温彻斯特本应于1961年3月前完成第一批35000支步枪，然而直到4月，他们才能重新开始生产质量达标的步枪。到1961年6月30日，M14的总产量为133386支。在两家承包商趟过"学习曲线"的最低点

▲ 手持M14的第1步兵师的士兵。

后，项目看起来能够一帆风顺地进行下去了。当然，事实并非如此：倒霉的步枪项目受到了过多敌对政治势力的关注。实际上，参议院三军委员会已经准备组建一个小组委员会来调查相关事项。小组委员会的报告成为1961年7月28日国防部长罗伯特·斯特兰奇·麦克纳马拉（Robert Strange McNamara）在国会委员会会议上引用的"福音书"。他将步枪项目描述为"一个耻辱……不是对于军队，而是对于国家"。麦克纳马拉进一步称H&R迄今为止的生产情况是"惨剧"，温彻斯特遇到令人尴尬的生产困难"太差劲了"。

在这样消极的气氛下，虽然8月H&R按时完成了第二份订单，但马上就被另外一件丑闻所掩盖：在柏林危机愈演愈烈的情况下，人们突然发现，驻守的5000名美军用的还是M1加兰德；不仅如此，8月赶来加强美军守备力量的1500名增援士兵拿的也是M1。很多国会议员都表示很震惊，

▲ 1961年9月，刚拿到M14的第6步兵师第2战斗群的士兵。

在轻型步枪项目开始16年后，M14开始采购4年后，美军"在承担美国义务的前线"，在世界媒体的聚光灯下，依然拿着老旧的M1步枪。次月，春田奉命第三次上调产量，达到每月6500支。

《美国步枪手》1961年10月刊有一篇重要文章，就M14的生产情况给出了有趣且正面的观点，作者是NRA（全美步枪协会）的总编沃尔特·J.豪和时任《美国步枪手》关联技术部分编辑的退役上校E.H.哈里森。文章的主旨是给美军逐渐声名狼藉的新步枪撑腰。根据《美国步枪手》杂志后来的总结，NRA实情调查任务的目的在于尽可能有颜面地报道并反驳愈演愈烈的"国会和传媒界的批判"，后者认为这款步枪和M1没有实质性的区别，就不该被采用，更别说投产。参观工厂时，作者特别关注了三家工厂制造M14时的不同方面，并据此写就了"M14步枪——对美国新步枪情况完整详细的报告"一文，这篇趣文节选如下：

概述

距美军采用M14已经过去4年了。可以理解的是，大部分时间公众对此不感兴趣。然而，1961年初，由于报纸的批判性报道，公众和国会对M14的兴趣增加了。突然之间，对于美军换装新步枪——这项看起来微小的工作，批评家们——专业或是不专业的——给出了各种各样的观点。

自然，批评的理由各种各样，但有一点却是被"公认"的：M14无法被大规模生产！如果情况真的如此，那军方倒确实做出了严重且浪费的误判，公众了解到了真实情况。

由于NRA成员对此十分感兴趣，NRA行政副主席富兰克林·L.奥思派了一个由顶级步枪手组成的小组，去参观所有M14的主要制造工厂，并采访与M14项目有关的政府和行业负责人。

在美国军械局部队的许可和全力协助下，对工厂的参观和采访均顺利实施，没有人提出过限制或审核。NRA团队与（温彻斯特和H&R）工厂里的每个管理员、工头和工人，以及政府机构（国防部、军械局武器指挥部和春田兵工厂）都合作良好。

对M14步枪的发展进行了简单的介绍后，文章继续写道：

第一批商业订单很重要的一个特征就是，每支步枪的单价（68.75美元）比近20年前的M1步枪还低很多。让承包商投出这么低的竞标价，部分是因为当时商业的形势很不好，承包商都很希望给自己的厂和地区抢到工作。然而，这绝对过低的价格，无疑为第一批生产中出现的"投机取巧"行为做出了"贡献"。

承包商发现自己不可能用如此低的价格生产步枪后，他们开始更认真地对待生产问题。现在经过协商，价格提升到了95美元一支。

虽然H&R收到第一份合同后能马上投入生产（之前生产M1步枪时，政府有意留下了一些生产机械），但他们受到了种种生产问题的困扰：有些是纯内部因素，另外一些则和配送以及接受分包商的材料有关。（H&R将步枪的相当一部分分包出去了。）此时政府又更改了枪机和机匣的冶金规格，使得这个问题雪上加霜。进行这些改动是因为在一些步枪机匣中发现了裂纹，使得H&R的生产完全陷于停顿。

安装了新的热处理设备后，H&R又重新开工了，并在第二份订单的截止日期1961年8月前，补上了落后的部分。

温彻斯特在生产M14步枪时也遇上了困难。虽然他们更早拿到订单，但月产量和总产量都没有超过H&R。

温彻斯特毫无疑问是世界上运动步枪的领跑者之一，有悠久且成功的军用武器生产历史，很会评估损失和风险。收到第一批M14订单时，他们决定不以制造M1步枪的方式生产这些步枪，也就是不用传统的铣床、廓线仪等。他们认为值得花时间来设计特殊的机器，可以同时进行木工和金属加工。虽然这样的机械需要更长时间才能投入使用，但最后能以更快的速度生产出合格的步枪零件。然而，温彻斯特自

动步枪机匣生产线的冒险结果很惨烈。

温彻斯特的特殊自动机器投入生产相对较慢。比起其他生产商，由于政府对温彻斯特订单机匣和枪机部分的改动更为广泛（包括热处理部件），导致延迟更为严重。完全停工了几个月后，公司于1961年4月恢复生产，月产量1000支；预计8月提升到每月4000支，12月提升到每月10000支——也就是原本要求的生产速度。

现在，排除了生产问题后，温彻斯特不仅期望在接下来的生产过程中别发生什么问题，并且还想要新的合同……

春田兵工厂最初计划每月生产2000支，后来提升到3000支、5000支。为了填补上述承包商的缺口，兵工厂现在第三批订单已经提升到了每月6500支，并做好了更高产量的准备（尽管就其职责而言，本不该有那么高的产量）……随着M14合同生产的开始，国家兵工厂一般来说只需要生产少量的M14来保持技术数据和标准。由于承包商生产的延迟，兵工厂才必须增加M14产量，尽管兵工厂并不想这样——这可能会和其他任务冲突。现在，春田兵工厂有3000名员工，其中400位工人负责生产M14。

这篇文章最有趣的一点就是制造规格和三位供应商的实际规格之间的差别。政府步枪采购合同规定了大量术语和条件，实际工艺却由承包商自行斟酌。

举例来说，春田兵工厂精于锻造和拉削加工。调查队伍注意到，在兵工厂内，每种钢都有自己的锻造温度。他们通过热

▲ M14的镀铬弹膛和枪管。

数记号来保证热处理质量。模锻之后，机匣通过连续传送带送到兵工厂的双层拉床。文章继续写道：

在一次流程内，拉削加工制造出深深的平行切口。拉削加工在兵工厂大规模生产M1时就已经大量使用了，作为一种生产过程中快速切削的方法，它是兵工厂相对于其他工厂的优势之一。然而，生产合同并不在总体上规定生产方法，只规定最终产品要达到的规格。H&R采用拉削加工来生产相当一部分M14的机匣，温彻斯特则决定采用特殊机器铣削。

在兵工厂，枪管也是用锻造毛坯钻孔并拉膛线制造的，最后再根据最新制定的所有步枪枪管的军用标准，在内部镀铬，外部进行磷酸盐处理。

哈灵顿和理查森武器公司（H&R）的生产情况

马萨诸塞州伍斯特的H&R公司成立于1871年，二战期间生产过莱辛冲锋枪，朝鲜战争时期生产了498000支M1加兰德步枪。H&R也是M14最大的生产商。通过NRA的实地调查，《美国步枪手》杂志这样总结H&R当时生产M14的情况：

第一批M14的生产过程中，H&R分期购买的M1的制造机器起了很大作用。他们还安装了很多新机器，然而由于各种各样的原因，交付还是有延迟。H&R于8月底正好按时完成了第二份M14合同，9月开始以更快的速度履行第三份合同；现在，公司能够生产比合同授权数量更多的M14，并且也希望这么做。H&R的M14部门大约有1000位职员。

与温彻斯特提出的那些令人眼花缭乱的建议不同，H&R倾向于用更精打细算的

◀ H&R公司生产的M14机
匣上的记号。

传统制造方法来生产M14。他们一开始将步枪零件的很大一部分都外包给了其他公司，包括撒克-洛厄尔纺织机器厂、托林顿公司、波士提池和通用轮胎。H&R公司内部制造的部件在生产过程中，一般都要通过固定单站式铣床，对这种工序最恰当的形容就是"劳动密集型"，最终的组装过程也包括很多手工装配和抛光工作。1960年要履行第二批订单时，对H&R生产速度的要求达到了每月10000支步枪，公司发现必须多班次才能赶得上。且由于陆军军械局派到H&R的检查员坚定地拒绝接受越来越多没能达到标准的零件，H&R和军方关系变得更紧张了。军械局指责品控太差，H&R则抱怨政府的公差要求太严，

几乎无法达到。《美国步枪手》评论道："不管要求的公差是不是小得不必要，对于承包商来说，必须郑重地保证安全性、操作的可靠性以及零件的互换率。"

1960年的生产崩溃[1]之后，正如前文所说的那样，H&R的工厂里安装了一台磁分析仪。《美国步枪手》杂志报道说，分析仪"由春田兵工厂设计，现在每块机匣过检之前都会用它，以防早期制造阶段钢厂提供的错误的钢被重复利用。另外还有几千支步枪被召回复查。分析仪还能在热处理过程中检测材料的缺陷，这方面的运用还在改进中"。

到1961年秋，调查队伍已经在H&R待了一段时间，厂家也赶起了时髦，试图

---

[1] 即H&R生产的M14机匣和枪机由于用了错误的钢而导致炸裂的事件。

提高M14机匣的生产速度和自动程度。《美国步枪手》杂志是这么形容的：

> 只有一位操作员将工件放在（辛辛那提特殊铣削）机器上，机器完成一圈运作后，再把它拿下。这是"积木式"自动化的一种形式，机器内部，在一个旋转工作台装上了相当数量类似的铣削头，还有一些配合铣削头的夹具来完成运作。这样的机器替代了很多单一用途的机器，节约了在这些机器之间转移工件和单独操作所需的时间。

最后，《美国步枪手》杂志编辑阐述了接收步枪之前必要的测试：

> 每支步枪接受高压弹测试后，必须成功地通过半自动、全自动射击运作测试，并且全自动射击时，射速必须在上限内。100码（91.5米）射击时，照门转至8点钟方向调零，在零风偏条件下，弹着点必须在瞄准点的一个确定的有限区域内。确切地说，就是使用普通弹而非比赛弹，在100码距离上5发点射，打进5×6英寸（127×152.4毫米）的长方形区域内[1]。除了保证每支提交步枪的正常运作和精度，还要测量其射速，通过麦克风将步枪开火时的声响自动记录在打孔纸带上。射速必须在每分钟650—780发之间，这代表自动流程与设计相符，否则步枪会被拒收。

调查队伍总结了他们对H&R经历的困难的感受：

> 总的来看，H&R遇到的问题和延迟不

▲ H&R公司的商标。

▲ H&R第7790186热处理批次的枪机接受高压弹测试后的枪机端面。

能被简单归因于他们自己或是政府单方面的不足。不如说，他们作为一个生产相对简单的运动枪械的制造商，转而生产满足美国军方要求的军用轻兵器，经历了"应该经历的"所有问题。过去严格生产军用订单时就出现过这种过渡问题，除非所有人都能从中吸取教训，否则未来的"公平竞争"也会出现同样的问题。

---

① 当时M14步枪的平均水平大概是打进一半面积内。

值得一提的是，H&R公司1962年制造了一批M14试验枪，名为"游击队步枪"。该枪有一个组合式带孔锥型消焰器/导气活塞，以及截短至490.22毫米长的USGI M14镀铬枪管。

▲ 游击队步枪（下）和普通M14（上）的对比。

▲ 游击队步枪采用的枪管和枪口特写。

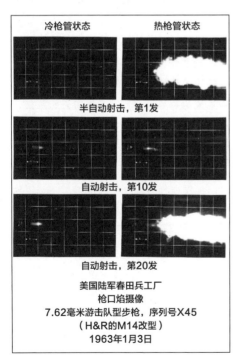

冷枪管状态　　　　热枪管状态

半自动射击，第1发

自动射击，第10发

自动射击，第20发

美国陆军春田兵工厂
枪口焰摄像
7.62毫米游击队型步枪，序列号X45
（H&R的M14改型）
1963年1月3日

▲ 游击队步枪枪口焰测试。

奥林–马修森化学公司（温彻斯特）的生产情况

奥林–马修森化学公司是第一个拿到商业合同的；温彻斯特在1959年是价格最低的竞标商，最初的订单是以69.75美元的单价制造35000支M14。为了给自己大胆的低价撑腰，奥林的管理人员建议将M14制造过程中耗资最多、劳动力最密集的工作自动化。主要使用乔治·戈顿公司制造的新的、最先进的多站式连续自动工作机床来自动完成机匣的成型制造。作为低成本合同的一部分，政府同意提供资金购买这些价值600万美元的特种机器。

按计划，M14步枪的交付将于1960年2月开始，1961年3月结束。温彻斯特被允许白班使用装配线生产M14，晚班转而生产组装他们自己的运动步枪。

1960年4月，也就是M14本应该开始交付两个月后，奥林还是拿到了第二份合同，尽管第一份合同开始时的交付情况很差：实际上，复杂的戈顿连续自动工作机床直到1961年4月才投入使用。雪上加霜的是，按照最初的规定，枪管要用一种非

▲ 温彻斯特制造的M14上的标记。

常难加工的钢，奥林希望能改一下规格，却被陆军固执地拒绝了。最初，奥林甚至必须向春田兵工厂买机匣，向H&R买枪机，才能完成步枪的生产，所以毫不意外地卷入到了1960年年底H&R的枪机问题中。之后，军械局武器指挥部新制定了非常严格的热处理和检查流程。

至于上面提到的第二批合同的81500支步枪，陆军要求温彻斯特的生产和组装车间不管是白班还是晚班，都得制造M14。尽管到1961年8月，温彻斯特只生产了第一批合同35000支步枪里的12864支，但它同意将合同完成日期修订到同年12月，比原计划晚了5个月。

NRA实情调查队伍拜访了纽黑文的工厂，1961年，《美国步枪手》杂志这样报道M14的情况：

尽管温彻斯特和机床生产商有很亲密的合作关系，但自动机器的交付还是比预期晚得多，又花了几个月的时间才让机器正常运作。现在，这些机器已经按预想的那样正常运作了；另外，还准备了备用设备，可以在自动设备出现故障时继续生产机匣。

与H&R相比，温彻斯特在自己厂房里生产的M14步枪部件占总价值的80%。除了很容易买到的弹簧、销钉和螺丝外，他们制造M14主要部件中的大部分小零件。

和H&R一样，温彻斯特也收到了改变热处理工艺的要求；这件事和他们机匣生产所遇到的困难叠加一起，影响了交付进度，直到1961年4月才解决。还有一个困难温彻斯特之前就已经遇到了，就是要用很难机加工的钢来生产枪管。尽管温彻斯特签合同的时候同意使用这种钢来造枪管，但春田和H&R却被允许用另一种符合标准，更容易机加工到合格尺寸，也更容易抛光的钢来制造枪管。

一开始，温彻斯特在向政府请求改变规格的过程中，沟通得很不顺利，承包商和军械局都给对方留下了很不好的印象。现在，自动机器提高了产量，很快解决了这个问题。

戈顿全自动直线自动工作机床……对M14机匣进行32道精准的加工工序。运作过程中，工作站自动把前一步送来的M14机匣调整位置、定位、钳紧并进行机加工，然后松开工件送往下一道工序；这些都是由机械结构自动完成的，一台机器只需要一位操作者来塞入并移出机匣。布置并安装这些设备本应该是轻兵器生产之前的准备工作。但机器的交付比预期中晚，将其设置正常也花了很多时间，导致了非常严重的生产拖延。现在机器已经正常运作了，8小时能生产400个机匣……

作为不同承包商生产方式不同的典型例子，下面谈谈温彻斯特如何生产M14的枪管。钻孔和机加工之前，二次硫化处理后挤塑成形的4150合金钢枪管毛坯会进行仔细的热处理。NRA这样写道：

加热到淬火（两道工序）之间的时间差，以及槽内油的温度和循环利用，都得到了严格的控制。枪管停在高架轨道承载器（即淬火槽）上时，就从另一头向熔炉内送入下一批工件。工序连续进行，循环时间为20分钟。

温彻斯特对自己最新的自动木工厂房非常自豪，《美国步枪手》杂志这样评价温彻斯特的"16站式独立枪托制造机"：

▲ 温彻斯特位于纽黑文的厂房，现已废置，改装成一所公寓。

温彻斯特安装的高产量木工设备从一开始就工作得很成功。一般情况下，它由16台单一功能的机器组成，每台机器由一人操作。从面板启动后，机器自动运作，一位操作者连续塞入没有加工过的毛坯，取出完成的枪托。输入输出很稳定，尺寸很精准。这台机器生产的枪托数量远远超过了温彻斯特所产M14所需的数量。

▲ 温彻斯特报废的老厂房，摄于2006年。

NRA在文中这样总结温彻斯特的生产情况：

温彻斯特在二战期间量产过M1步枪，但并没有被定为M1生产机器的储备处。执行第一份M14订单时，公司决定尽可能地将生产自动化。想要将这样先进的技术运用得完美很难，收到的第二份订单又使得生产必须和商业制造分离开来，这些因素导致管理上的延迟，打乱了计划。自动机器现在已经工作正常了。温彻斯特强烈要求扩大M14步枪的生产规模，也确实得到了新订单。

温彻斯特于12月收到了90000支步枪的第三份合同；之后于1962年9月28日收到了第四份订单，即150001支M14。

在《美国步枪手》杂志后来的一份文章里，NRA队伍的编辑这样总结第一次实情调查：

1961年7月，军械局主席指派埃尔默·J.吉布森准将为M14步枪的项目经理。他将各种事务推上了正轨，提出了各项改革，并要求再增加一位承包商。顺便一说，在陆军中，项目经理制度已经被用于约30种主要武器的开发和生产。

步枪手杂志还采访了军械局武器指挥部的指挥官，即兼任M14步枪项目经理的吉布森将军。除了向承包商提出各自规格的细节要求外，他说花时间最多的，就是处理各种各样的特殊事件。他提到陆军准备选择第三名商业承包商来生产M14，参加竞标的一些公司之前完全没有枪械制造经验。

汤姆逊–拉莫–伍尔德里奇公司（TRW）的生产情况

美国位于柏林的守备部队终于全部换装M14的新闻发布后，美军紧接着又发布了一条消息：在几个月的内部审议和政治考察后，决定将第三个M14民营生产项目授予汤姆逊–拉莫–伍尔德里奇公司新组建的军械工厂。1961年10月2日，TRW签下了以85美元的单价生产100000支M14步枪的订单。作为援助，政府会协助将俄亥俄州克利夫兰的旧厂房改建成一个兵工厂，并报销新工具和新生产设备的费用。

NRA继续要求调查M14步枪的生产情况。《美国步枪手》前编辑沃尔特·J.豪和E.H.哈里森上校在1963年2月的杂志上发了第二篇文章，标题为"制造M14步枪"，主题是TRW生产M14的新方法：

《美国步枪手》杂志继续跟踪M14的生产流程，包括新增加的第三位民营承包商。步枪手杂志于1961年10月发布第一篇文章后不久，汤姆逊–拉莫–伍尔德里奇公司得到了订单，1962年11月前开始交付。

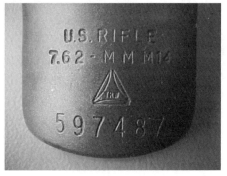

▲ TRW制造的M14上的标记。

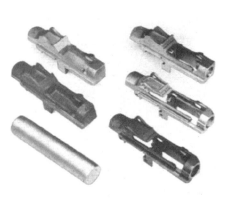

▲ TRW制定的M14机匣生产流程。

▲ TRW日后参与了"阿波罗"计划部件的生产，图为该公司生产的TR-201发动机。

于是，《美国步枪手》杂志请求M14步枪的项目经理吉布森将军允许我们拜访这家制造商的厂房并记录生产过程。将军毫不犹豫地答应了。在陆军克利夫兰采购区的协助和TRW公司热心的帮助下，我们拜访并详细记录了M14的生产流程，下面就是概述。

TRW公司于1958年成立，前身是俄亥俄州克利夫兰的汤姆逊产品公司，一家汽车和飞机引擎部件制造商；以及洛杉矶的拉莫-伍尔德里奇公司，它由两位前沿物理学家西蒙拉莫博士和迪恩·E.伍尔德里奇博士于1953年成立，资金源于汤姆逊产品公司。TRW公司主要分为汽车、电子机械、电子产品、空间科技实验室和TRW国际公司这几部分。他们致力于研究、发展、生产和组装导弹、航天器、飞机、汽车、电子产品、核能设备以及军械部件。

第三家M14制造商的合同一共有42家公司参与竞标，竞争非常激烈。提案必须详细且彻底地展示竞标商将如何生产并按时交付。军械局武器指挥部声明，将考虑大规模生产精密产品的公司，不管其之前有无生产武器的经历。汤姆逊-拉莫-伍尔德里奇公司的竞标价是第二低的，再基于经验因素，最后拿到了订单。

为了准备提案，联合公司组织了一个由电子机械组的工程师和制造人员组成的特殊小组，来研究步枪，决定各部件的生产方式，计算生产成本和速度。准备提案花了6个月和20万美元[1]。

值得注意的是，这家公司的高层人员均无枪械制造背景。TRW公司和其他竞标商一样，有权翻阅资料，参考过去生产M14的经验，但要先拿出自己的生产方案才行。因此，管理层不会受到过去生产轻

① 约合2017年的162万美元。

兵器流程的影响；步枪仅被认为是一种拿现代材料制造的精密装置，因此最好由最新的特殊制造方式来生产。

步枪手杂志队伍采访了TRW集团的副总裁S.C.佩斯先生，问他为何决定进入枪械制造领域。当然，TRW过去没有对该领域表现过兴趣，佩斯先生坦诚地说道：

TRW的电子机械集团是行业里最大的喷气引擎部件供应商，还提供其他很多种飞机部件；从二战开始我们就是这一领域的领头羊。这非常需要精度和高品质的工作，同时还要能大量生产。我们公司在这方面投入了很大的人力和财力，并计划在航空领域里进一步扩张。

但到了1957年，航空行业盛极而衰，当然了，这导致我们产能过剩。

因此我们开始广泛地搜寻可以进军的领域，包括精密电子和机械设备。我们在陆军军械方面发现了一定机会。

最先找到的主要项目便是M14步枪。开始我们很怀疑这是否适合自己。但随着拿到详细的要求并进行深入的观察研究，我们发现，以我们的背景、经验和能力，这是一件非常适合我们制造的产品。所以我们在这个项目上投入了很大的精力，布置生产进程、厂房等。这样就可以向陆军提出一个相当不错的提案，很高兴的是，我们也确实成功了。

民营生产商最初遇到的困难已经有了很多报道，我们也深知这一点。我们尽可能地深入研究，认为这些困难可以克服。我们的第一份订单没有赚到钱，这是有意

◀ 塞尼卡福尔斯的机床正在对M14枪管进行车削加工。

的，和陆军交涉的时候就提到过这一点。

我们设计了一套生产流程和技术，并挑选合适的生产机器，以使生产成本最低；这需要很多种机器，但陆军愿意投资以获得低成本。我们分析了陆军的需求和愿景，我认为我们可以靠这套提案达到他们的要求。

我们最初讨论的成本就是在吸收经验后计算出的成本。换句话说，我们是在不计"学习曲线"成本的情况下计算大规模生产时的成本。我们感觉这是为进入这个行业而交的入场费，但很愿意投资以进入市场。当然，由于制定了这样的计划，我们履行第一份订单时会亏损，但我们预计并希望能在（履行）第二份订单时赚到钱。我们也希望能有更多的后续订单。

现在我们已经解决了很多问题并开始生产步枪。我曾经被问及有没有过另外的想法，是否还想继续M14的生产事务？答案是，我们很乐于继续，并且对能从事这个项目而感到自豪，还想再生产几年。

我们的目标是，成为军队M14步枪生产的领头羊。

文章继续写道：

电子机械组是这样设计的，生产流程包括一套精锻工艺。在工艺流程中，工件通过模锻后，尺寸比一般锻造产品更接近于最终尺寸；然后通过链式拉削，可以又快又精准地将钢工件加工到最终尺寸。虽然操作时大部分时间都在休息，但工作人员仍需要具备相关知识和经验。

步枪在俄亥俄州克利夫兰的军械工厂生产，由电子机械组的喷气引擎部组织；军械工厂的职员也由喷气引擎部和其他部分抽调，以保证合格率。M14步枪占总价值近65%的11个主要部件由TRW的军械工厂生产，这些部件是根据公司擅长的生产工艺的稳定性确定的；其他被认为用传统方法就能出色生产的部件就留给了分包商。TRW公司则作为组装、测试和交付的主要承包商。

第一支生产出的M14于1962年8月组装并测试；10月交付了第一批，由于提前了一个月，所以获得了奖金。不过，如果延

▲ 克鲁格横向连续自动工作机床。

期交付，制造商将要交罚款……

1962年10月9日，TRW获得了第二份订单，（美国陆军支付）1746.5万美元购买219691支M14步枪，即每支步枪79.45美元。由此，TRW成为M14步枪的主要承包商之一……

《美国步枪手》杂志队伍1962年11月拜访时，生产速度已经达到了每天100支。到那时，还没有一支步枪因为不合格被拒收。制造商准备到1963年春，将产量提升到每天1000支，到仲夏时节，平均产量将提升到每月24000支。调查队伍到厂房参观后，才真切感受到为什么只实行两班制的TRW胆敢预测自己能达到这么高的生产速度：

TRW生产的第一批机匣采用福特伯特144英寸链式拉床进行连续链式拉削。这种工艺在制造喷气式发动机零件时很常见，而TRW在这方面正好是世界范围内的领跑者。和传统的拉削比，一次流程可以机加工更多的面。TRW的生产制造一个很厉害的地方就是完全不使用小型机器，而是使用克鲁格横向连续自动工作机床，对夹紧到托盘上的两个M14枪机进行30道工序。这台一个人就能操控的机器替代了15台单独的机器；枪机以每小时190个的速度被精准地加工出来。谢菲尔德精确测量技术可以即时自动测量和审查，在控制面板上呈现结果，一有波动就能检测出来。

在TRW，NRA参观了"艾伦多站式钻孔机"，它能从各个方向在机匣上钻各种各样的孔，这台特殊用途机器可以省去

▲ 改装后的内部结构，使用的是AR-15的弹匣，以及后方改装过的弹匣卡笋。

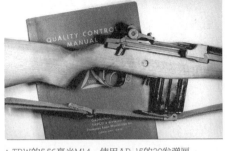

▲ TRW的5.56毫米M14，使用AR-15的20发弹匣。

▲ 原型枪上视图，注意改装过的托弹板和填充块。

▲ 标准M14枪机（左）和5.56毫米M14枪机（右）。

▲ TRW的艾伦多站式钻孔机。

很多传统机加工工序。TRW还展示了塞尼卡福尔斯的仿形车床，这种机器被用来机加工M14的枪管，先对毛坯进行一次粗切削，然后再进行细切削，无须移下工件。仿形车床可以替代6台传统设备。

TRW对自己现代的、创新性的测试场地也非常自豪，每支步枪都会在此进行验收试射。NRA这样记录道：

步枪被带到测试场地，由牵引导轨自动传送到包装区，无须操作人员。TRW的数字部门通过高级的闭路电视系统向每位射手直接展示目标，在射击位置按按钮就能更换靶子。在100米靶场的终点，弹头被一个"水阱"所吸收。在所有必要的安全注意事项检查完成之前，保险系统会阻止任何人进入靶场。正在为这个现代靶场的构思注册新专利。每支步枪射击一发高

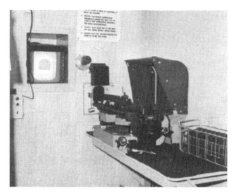

▲ TRW的室内靶场。

▲ 国防部长罗伯特·麦克纳马拉。

压弹，然后以半自动和全自动状态各射击40发以验证运作是否正常。再用现役弹药射击三组，每组5发，以考察精度。在100米的距离上，5发弹必须打入直径6.1英寸（154.94毫米）的圈内。观察到现在，最大的是5.5英寸（139.7毫米），平均是2.5—3英寸（63.5—76.2毫米）。

项目的终结

国防部长麦克纳马拉是计算机时代的第一批支持者，他在复杂的军队官僚体系中做出决策时，很喜欢依赖所谓的"理论辅助"。当时，齐射以及更革命性的新武器的优势还只停留在理论分析层面，并没有实践证实。在这种情况下，摊在国防部长桌子上的是一份令人振奋的报告，它描述了一种全新的武器系统，即特殊用途步兵武器（SPIW），称其可以跳跃式地超越所有正在研发的武器，包括AR-15。

绝密的SPIW概念简而言之，就是将齐射项目的小口径可控点射和NIBLICK项目的成果结合起来。NIBLICK项目最后的研发结果是很成功的M79榴弹发射器和高低压40毫米榴弹，所有人都热情地称M79为战斗中的救星。SPIW的设想是一款可全自动、半自动、可控点射小口径箭形弹的武器。除了50发"点目标"弹药，SPIW还可以携带3发新型40毫米"面目标"榴弹，还可以半自动发射。SPIW的二合一概念很有前瞻性，预计全重可以不超过M14。报告撰写者很乐观地预计了开发中的SPIW原型枪的定型和生产日期，并准备向四家公司发出订单。

检察长关于测试受操控的报告成为压倒骆驼的最后一根稻草：带着对自己智囊团绝对的信任，以及对搞砸了的M14项目的报复心理，国防部长麦克纳马拉于1963年1月23日宣布，当前财年的合同结束之后将停止采购M14；同时，"一次性"给陆军购买85000支AR-15，给空军购买

19000支，来作为M14和SPIW之间的过渡品。他坚定地认为，SPIW将会按时交付，从而证实他决策的正确性。

面对军方就美国战斗步枪发表的惊人消息，民众们反应不一。一家美国的休闲杂志《真相》于1963年4月，也就是M14前途已定的时候，刊登了一篇讽刺文章，标题为"美国陆军失败的步枪浪费了你交的税"[1]。那时，国防部长麦克纳马拉已经宣布中止M14项目，这篇文章很好地概括了军械局、部队和国防部一些傲慢的掌权者所感到的失望。这篇文章的片段后来被柯尔特/阿玛莱特引用，迅速流传开来：

20年来，五角大楼花了纳税人1亿多美元，让军队给我们的大兵装备了一种专家认为比已有步枪更差的新式自动步枪。

这款步枪就是M14。它缓慢地换装着士兵手中从二战和朝鲜战争中留下的几百万支M1加兰德。问题是，它还不如M1，并且更难制造、更昂贵。

如果你没有听说过M14和它糟糕的历史，不要感到惊讶。最近，军队出于"很正当的理由"，对此毫不作声。

M14的设计、测试和生产是如此糟糕，以至于国防部长麦克纳马拉把它称为"耻辱"。M1（M14就是它的劣质版本）的设计师约翰·加兰德对M14在战场上的表现忧心忡忡。越南的报告显示，加兰德的担忧是正确的。

可以这么说，所谓的"新型"步枪从初始的开发阶段起似乎就是美军有史以来最混乱的（项目）。M14可能不会变成一场灾难，但考虑到投入的时间和金钱，结果无疑令人失望……

但M14故事的"点睛之笔"还不在于步枪研发阶段犯下的错误。现在M14已经投入生产并交付部队，但马上就发现，这支步枪并不能达到它研发时所制定的目标。M14作为全自动步枪替换半自动M1步枪，但现在90%的M14只保留半自动功能。

M14是"少"和"晚"的典型：相比于加兰德步枪，这款步枪的提升太少，而新设计来得太晚，导致步枪可能已经落伍。

这种情况已经很糟糕了，更糟糕的是，M14的设计可能存在一些潜在的危险缺陷……

即使M14的怀特式导气系统[2]如军方所说的那样工作正常，它依然难以制造，并且具有潜在危险。难于制造是因为系统的公差太小，小到只有M1步枪导气系统公差的1/7。M1活塞和活塞筒之间的最大距离是0.0889毫米（3.5‰英寸），M14则要求0.0127毫米（0.5‰英寸）；在像步枪这样的机械中，这么紧密的结合会带来问题。

M14出现之前，军队里的一些人就已经意识到了这个问题，他们将M1的导气系统调整得更松。在导气式步枪上，每射击一发都会出现积碳，如果又从外部混入了

---

① "失败的步枪"原文是Blunderbuss，一般指燧发枪时代的短霰弹枪。
② 闭塞膨胀式导气系统最早由1910年前后的怀特半自动步枪开创，由此得名。

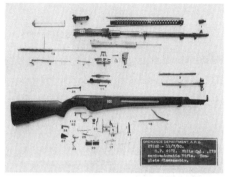

▲ 怀特.276步枪，是之前M1步枪那次竞标时的产品。

沙尘和泥浆，可能就会产生堵塞。华盛顿已经从越南收到了报告，称M14在全自动射击时会碰上这样的问题。

同月，即1963年4月，加利福尼亚的《枪炮世界》杂志就国防部长麦克纳马拉终结M14项目这一重大事项，发布了杰克·路易斯先生的一篇文章，标题为"M14：福音还是错误？"。这篇文章和《真相》杂志上的文章一起，被重新印在了一份单页小册子上，由柯尔特和阿玛莱特大规模传播。当时，海军陆战队已经将供应的步枪里所有有缺陷的H&R枪机都剔除了。这篇文章对此亦有提及：

对一位分包商制造的FSN-1005-628-9050号M14步枪枪机进行的金属学检测显示……由于热处理不当，存在潜在的安全问题。

由于安全性的缘故，所有HRL（批次）的枪机都会被重新检测，有缺陷的枪机会被消去热处理批次符号并抛弃。

这两段摘抄自海军陆战队1962年12月15日的一份官方报告。虽然看起来不起眼，但这也是M14步枪被抛弃的原因之一。

五角大楼的高层私下承认，给军队列装M14是一个喜剧般的错误，但美国纳税人承担的大笔资金却被无视了。

大约9个月前，《枪炮世界》的编辑得知，军队的高层签署了一份备忘录，称M14步枪——尽管是新入役的装备——将会被淘汰。与此同时，一些部队还没有接收到这款步枪，海军陆战队更是只装备了3个月而已。

总而言之，花了超过15年——以及纳税人500万美元——才搞好了一款步枪。我第一次见到原型枪是在弗吉尼亚州匡提科的海军陆战队学校，那还是1945年6月。

但这还只是开始：迄今为止，军队已经花了1.3亿美元给温彻斯特和H&R公司来生产这些步枪。最近，一份新合同——以及相应的工具费用——被授予给了汤姆逊-拉莫-伍尔德里奇公司。假如像通知里说的那样，要淘汰这款步枪，那为什么没有在几年前（也就是大规模生产尚未开始时）就发现步枪的不足？

国内独立武器发明家和研发者在这场闹剧中受苦颇深，他们认为军械局自南北战争以来就没有吸收过什么新思想。同样遭受指责的还有春田兵工厂，个体发明家们称它墨守成规，忽视任何来自外部的建议。兵工厂负责美国大部分军用轻兵器，其军官和技术人员常被指责挥霍纳税人的钱来搞自己喜欢的项目，还固执地不接受其他意见。

还有人甚至感觉春田兵工厂在羞辱他们。有一个人说："他们连邮件都不回。"

我们从官方渠道了解到，国防部长发布了命令，要在1965年前淘汰掉M14，并列出了几个替代者。其中就包括AR-15自动步枪，它由阿玛莱特开发，柯尔特获得授权后已经生产数年⋯⋯

在和几位独立武器研发者的讨论中，我们听说了一些奇怪的故事：

阿玛莱特公司的总裁查尔斯·多切斯特提到了1958年的一些经历。当时，弗吉尼亚的门罗堡正在进行为期数周的测试，以"评估美国未来的抵肩射击武器"。

测试过程中，测试局从世界各地的专家那里获取证言，包括参战老兵，军队的专家，雷明顿、温彻斯特以及其他制造公司的代表，还测试了所有可用的步枪。

测试局在结论中建议，马上购买地面测试所需数量的AR-15。

然而，当时军械局的发言人马克斯韦尔·D. 泰勒（Maxwell D. Taylor）将军，也就是后来的陆军总参谋长，声称AR-15的.223口径和.30口径一样，不会是最终的选择。军械局之后请求泰勒将军暂停AR-15的测试，直到"理想弹药"研发完成，耗时不会超过6个月。然而直到现在，所谓的"理想弹药"还在完善中，军械局以及春田兵工厂却还在进行预订的M14研

▲ M16与M14对比性测试。

发工作。

在武器行业中，长久以来就有对民营制造商的偏见。多彻斯特举了另一个例子：1952年，AR-15的前辈AR-10被送往春田兵工厂测试：

"我们第一次向春田的工作人员预约时，工作人员说道：'我们一天内就会送你回家，附带一篮子零件。'"

阿玛莱特的总裁还说，测试过程中存在明显的舞弊："春田的一名测试人员试射了AR-10。我从他肩膀后望过去，他在测试报告中写道，这是他在春田兵工厂测试的轻型自动步枪里最好的。但几分钟后，他的上级主管看了这份报告，将这句话全部删掉了。"

◄ 春田第一代SPIW原型枪，SPIW项目可以说是美军战后轻兵器研发项目中最失败的（没有之一）。其追求的点（箭形弹）面（榴弹发射器）结合过于超前，指标脱离现实。

然而现在，佐治亚州的本宁堡正在开发一款新型M14。该枪有手枪型握把和直枪托：这些设计特征很像AR-15和FN突击步枪！

春田兵工厂将于1963年9月首先停产；到1964年，3家民营制造商会减产1/4。当时的舆论环境非常严苛，也就是说，M14生产过程中投入的所有资金和精力都要打水漂了。实际上，奥林-温彻斯特的工厂再也没有从M14项目的夭折中恢复过来。TRW可能是最有权力发牢骚的，它投入了很多的精力，而且生产成绩相当好。集团的副总裁S.C.佩斯在之前《美国步枪手》杂志调查时曾评论道，TRW在学习过程中花的钱并没有被算入报给军队的单价上。

1964年6月30日，M14项目被彻底终结：停产后，专用生产机械不是被储存起来，就是转为他用。同时，随着20世纪60年代中期美国在越南展开军事行动，一个忧心忡忡的美国参议院委员会，又一次就美军近期步枪政策询问陆军部长赛勒斯·万斯。万斯先生无条件地信任自己那套理论，他说道："在SPIW可用之前就

▲ 实际上，M14在越南经常作为狙击枪使用，和最初通用武器的目标相去甚远，图为带M84瞄准镜的M14。

停产M14当然有一定风险。但（我们）根据军队的分析，认为这种风险是完全可接受的。"故事从此产生分支：M16项目后来遇到了各种各样的严重问题，SPIW则彻底失败；和这些相比，M14项目经历的

▲ 1968年4月30日，春田兵工厂关闭，图为降旗仪式。

沧桑显得不值一提。另外，即使是在M14项目终结之后，新的军械武器指挥部依然在反对旧体系。直到最后，春田兵工厂也在1968年被完全关闭，取而代之的是位于岩岛兵工厂愈发强盛的OWC。

最后，简单评价下M14之死。首先，该项目在研发和生产过程中确实很不顺利，没给军方高层留下什么好印象；其次，不得不说国防部长麦克纳马拉在其中起到了重要作用。尽管越战期间，他被讽刺为"技术统治论者"，但事实上，他更像是一位经济学家、商人（后来他当了世界银行行长，这显然不是军人干的活），并不是很懂具体的军事技术，对轻兵器也是一窍不通。麦克纳马拉也不喜欢M14，在看到似乎更有前途的SPIW项目后，自然会"权衡利弊"，选择支持新项目。他1961—1968年在任期间又以专断独行而闻名，经常对军事研发项目指手画脚，三军都不是很喜欢他（空军更是对其恨之入骨，因为他动用非常手段砍掉了3马赫截击机YF12A），陆军一个小小的步枪项目被

砍掉，实际上也是意料之外，情理之中。

那么，M14的腰斩就值得同情么？站在后来人的角度看，虽然SPIW是一个完全失败的项目，但"过渡品"AR-15（即M16）相当成功，并且可能会成为美国史上最成功的步枪。至于M16早期遇到的问题，那也是M16项目本身的事情，和M14提前结束生产也没多大关系。只能说，对于M14这样出生即落后的产品，最好的结局莫过如此。

M14的改进型

不管怎么说，动荡的生产结束阶段过后，仍有145万支M14步枪已经下单并问世。对该枪固有的"慢性病"的分析显示，对M14的抱怨普遍集中在两个方面：该枪设计上的问题；实际生产中糟糕的工艺和品控。设计方面的缺陷主要有三点：

1. 全自动射击时糟糕的稳定性；

2. 固有的精度问题；

3. 1.125米的全长和固定枪托不适合作为通用步枪执行多重任务。

早在结束采购的决定做出之前，有关各方就试图改善过M14的上述缺点。不过，由于当时情况太过混乱，这些改进普遍耗时太久，无法被及时采用。讽刺的是，一些改进型反而推动了M14的淘汰。

为了弥补上述第一和第三点设计缺陷，出现了下面两种改进型：

M14E2（后来的M14A1）

1959年，M15重枪管步枪尚未列装

▲ 测试中的M14 USAIB，后定型为M14E2。

▲ 使用玻璃钢枪托的M14改进型。

就被裁掉，因为它和战时的T20相比并没有多大提升，这种4.08千克重的全自动抵肩射击步枪，就算装上带散热孔的护手和794克重的两脚架，后坐力和枪口上跳还是太大，散布大得无法接受。换句话说，就算带抵肩板和两脚架，在第一发点射后，M14依然不够稳定，难以控制，极不精确。这些都是本宁堡的美国陆军步兵局（United States Army Infantry Board，

► M14试验下挂40毫米榴弹发射器。

USAIB）发现的，他们强调："不管步枪
手水平有多高，M14全自动射击时效果都
不如意。"

　　达威特·盖斯涅上尉当时是本宁堡美
国陆军步兵局的一名成员[①]，他和本宁堡的
陆军射击训练小队（Army Marksmanship
Training Unit，AMTU）进行了联络。莱
蒙德·贝耐依军士长当时是AMTU国际步
枪部门的枪托制造师，他制造了一款带手
枪型握把的直枪托，还带有枪托底板和抵
肩板。步兵局在测试中使用这种新枪托的
M14进行全自动射击，结果很不错。测
试枪支还安装了一个辅助的枪口制退器来
替代原来的消焰器，它大体上是一根中空
管，管壁上有各种形状的呈槽状布置的孔
洞，其原理是让大部分枪口气体从（从后
往前看的）左上方或者说10点钟方向泄
出，由此抵消右手握持全自动射击时枪口
跳动的趋势。

　　岩岛的军械局武器指挥部被要求开
发合适的步兵局改进版步枪生产型M14。
这项工作最后又落回了春田兵工厂身上，
改进后的步枪官方名称为M14E2，1963
年11月被送回本宁堡进行测试。在一系
列地面测试后，这款步枪于1967年被正
式采用为M14A1，终于填补了1959年取
消M15后长达8年的装备空缺。这时M15
的生产合同已经被取消很久了，而且往
日最先进的温彻斯特木工厂也不再作为军
用。因此，M14E2特殊的桦木带握把枪

▲ 少量M14A1步枪也投入到了实战运用中，注意其手
枪型握把。

① 他后来成了第一位在越南被打死的现役军官。

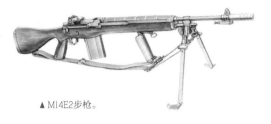

▲ M14E2步枪。

升级到了E2，M14还是无法与专门为全自动射击而设计的更重的枪（如M60机枪）相提并论。1965年11月，驻德国的第3步兵师射击委员会为了准备1966年的泛欧洲克莱尔射击竞赛进行了一些测试，表明M14E2的精度仍然不尽如人意。

托订单多数交给了位于安大略省密西沙加（Mississauga）的加拿大兵工厂。

M14E2是对M14最好的送行——即使

M14折叠枪托项目（M14E1）

20世纪60年代早期，在设计M14USAIB的同时，陆军表示希望能验证M14

第3步兵师射击委员会的测试报告

最近修改的规则要求射手在打完15发弹链或者弹匣的过程中，扣下扳机的次数不能超过7次。

1965年11月3日到24日，在第3旅位于阿沙芬堡的靶场中进行了测试。

所有射击均由射击委员会自动武器部门的人进行。都是参加过去年克莱尔赛和USAREUR（美国驻欧洲陆军）比赛的选手。测试中，3位射手使用M60机枪，3位使用M14E2（温彻斯特制造）。测试消耗了大量M80普通弹。M14E2的射手都紧握他们的武器，这样才能得到还能看的结果。

评估的调查结果（关于M14E2的）：

……（使用M14E2时）很难在点射时取得高精度。进行了300和366米的点射测试……测试过程中没有发生故障。

（1）优点：

——低射速射击时非常精准；

——更轻（和M60比）；

——瞄准具更精确。

（2）缺点：

——点射时不稳定；

——点射时命中数更少；

——按克莱尔杯的规则算，获得的分数更少；

——换弹匣所需时间更长；

——点射时M14E2枪口上跳严重，精度不足。

结论：

M60在点射方面明显优于M14E2……在274米上7次扣扳机打15发时，命中数平均高3发……按克莱尔杯的规则算，M60平均比M14E2高59.5分。

建议：

第3步兵师射击委员会建议使用M60机枪参加1966年的克莱尔射击竞赛。

步枪装折叠枪托的可行性。伞兵、坦克成员、驾驶员和其他兵种发现，在他们经常遇到的作战环境中，用M14换装冲锋枪并不是一件容易的事：M14长度几乎是M3A1的两倍；全自动精度不如M3A1；弹匣只含20发子弹，比M3A1的30发少。

为了响应陆军这项坚定的要求，春田兵工厂乖乖地为M14步枪开发了5种不同类型的折叠枪托。1962年的最后版本若被采用，将会被命名为M14E1。然而这个项目伴随着整个M14项目，一起令人沮丧地走进了坟墓。4年后，春田兵工厂也被关闭，折叠枪托的几款改进型中没有一款被大量生产过。

▲ M14E1第一型折叠枪托，和M1E5的很像。

▲ 第三型折叠枪托。

▲ 第五型折叠枪托，注意手枪型握把也是可以折叠的。

▲ 第二型折叠枪托。

▲ 第四型折叠枪托。

齐射项目
奇思妙想的启迪性项目

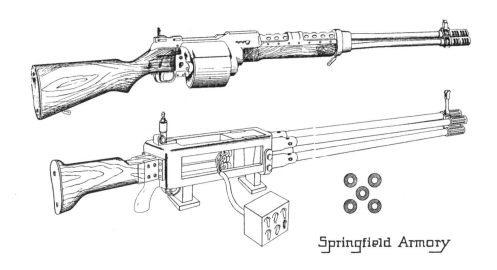

Springfield Armory

"齐射"的史前时代

齐射并不是一个新概念，或许在史前时代，就有人在他的投石带里同时装填数枚石块。实际上，齐射一直是人类武器发展史上的一种经典的设计理念。霰弹枪就是很具有代表性的齐射武器，这种枪牺牲了杀伤力和射程，通过发射多枚弹丸来增加命中率；机枪和全自动步枪在表现形式上也和齐射有相似之处，即"在一次瞄准–射击流程中发射多枚弹丸"。

美国人认为，有史可查的齐射武器始于1856年军械局的一份报告，这份报告提及了"使用线膛枪同时发射2到3发弹头"。1862年，美国专利局通过了一份专利，即"通过使用复合弹头对轻兵器进行改良"。专利记载了一种奇特的弹药，像是把一枚米涅弹拆成三枚再串联在一起，加起来大概有32.4克（和一枚.58米涅弹头差不多重）。这种弹药用于当时的.58春田步枪（春田M1861或M1863），发射后

▲ 原始时期齐射思想的体现。

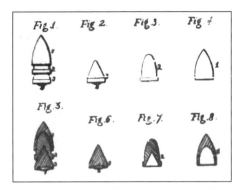

▲ 1862年的专利"通过使用复合弹头对轻兵器进行改良"（Imporvement in Compound Bullets for Small-Arms）中的插图。

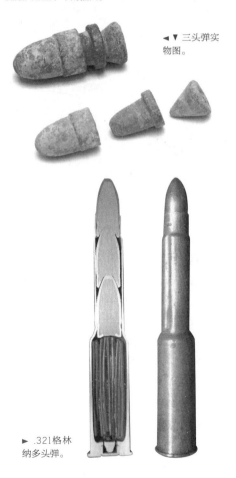

◀▼ 三头弹实物图。

▶ .321格林纳多头弹。

会分散开。美国官方到1879年才对齐射弹药做出回应，在一份军械局给国防部长的报告中，提及了军械局E.M. 赖特上校的提议。他提议使用一种串联齐射弹药——3发弹头头碰尾地排列在一发弹药中。可惜的是，赖特上校的努力被军械局的J.E. 格里尔上校否决了，后者在报告中的消极态度也影响了军械局主席。后来，美国人开始了弹仓步枪的引进和发展，没有人再提起过齐射弹药。

20世纪20年代，W.W. 格林纳在.450硝基特快弹（.450 Nitro Express）的基础上开发了一种.321口径的三头弹。该弹超长的弹颈上有纵向凹槽，借此固定3枚弹丸；前两枚弹丸弹尾挖空，以容纳后一发弹丸的头部；使用杆状柯达无烟火药和伯尔丹底火。不过，这种弹并没有获得商业上的成功。

1945年初，即将战败的德国人发布了一份名为"步兵双头弹"（Die Infanterie Doppelgeschosz）的报告。报告详细记

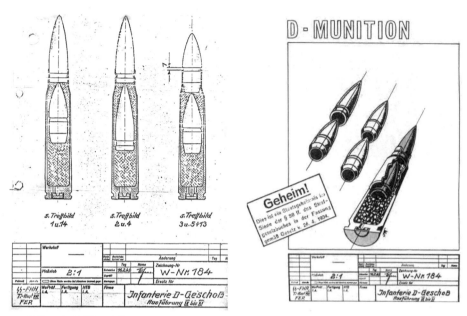

▲◀ 德国7.92毫米试验双头弹。

录了几种串联双头弹——也就是D-弹药的发展工作和相应测试。试验项目包括在一枚7.92×57毫米步枪弹弹壳里装填两枚7.92毫米"S"弹头；或是一枚"S"弹头和一枚7.92毫米短弹（"K"）弹头；或是两枚"K"弹头。由于物资紧缺，试验用的是缴获的意大利发射药。三组方案均为串联布置，最后一组的结果最好，有效射程为100—300米，枪口初速约为每秒536米。这个结果非常令人满意，德国人准备在1945年为党卫队突击队装备该弹，并计划为鲁格P08手枪和突击步枪开发D-弹。

当然，上述这些齐射弹药的发展并不系统，率先系统化发展齐射武器还是美国人。战后，运筹学办公室将多头齐射武

器这个概念展示给了美国陆军参谋长劳顿·柯林斯将军。他指示军械局去准备相应的实验材料，以证实这种概念是否可行，美国的齐射项目（Project SALVO）算是由此正式拉开了帷幕。

"齐射"理论和创意的来源

霍尔研究报告

正式介绍齐射项目前，我们还要先提一下时代背景，以及"齐射"这种思想是如何重生的。首先要提及的就是霍尔研究报告。1938年，弹道研究实验室（Ballistic Research Laboratories, BRL）在阿伯丁试验场成立，其任务是为

▲ 阿伯丁试验场。

军队进行弹道研究。1950年，军械局的斯塔德勒上校要求BRL研究战斗步枪的效力。他们给出的官方理由是，尽管陆军一直将远距离高精度瞄准射击当成传统并倍加推崇，但事实上，二战时期杀伤一个敌人平均要消耗约5万发弹药。

唐纳德·L.霍尔（Donald L. Hall）的研究报告发布在1952年3月的BRL第593号备忘录报告上，名为"步兵步枪效力研究"（An Effectiveness Study of the Infantry Rifle）。霍尔报告是第一份真正意义上提出小口径高速弹（SCHV）概念的权威性报告。小口径高速弹是阿伯丁发展验证服务中心（D&PS）和BRL的一个合作项目，意在发展一种.22（甚至更小）口径的高速弹药，获得与.30 M2弹相同或者更好的杀伤力。其节约重量、减小后坐力的优势使得这个概念颇具调查研究价值。

霍尔先生把小口径高速弹最初的研究结果和自己的理论研究结合在一起。他这样描述小口径高速弹概念：

对一系列步枪的理论研究显示，口径小于.30的步枪单发杀伤概率比M1步枪更高。枪口初速的增加能使弹道更为平直，这样就能减小对精度不利的瞄准误差。假定枪和弹药总质量为15磅（6.8千克），那么预计.21步枪的总杀伤数约能达到现役.30 M1步枪的2.5倍。假定弹药数固定在96发，那么士兵携带.21步枪以及装药量只有M2弹五分之三的.21弹药时，其总重会比M1步枪少3.6磅（1.63千克），其中弹药重量减小25%。

另外，如果一个士兵想在457米的距离上用M1步枪达到与15磅.21步枪和.21 6/10装药弹相同的杀伤数，那么他必须要多携带10磅弹药，使得弹药和枪的总重上升到25磅（11.34千克）。

简单来说，霍尔对于提升战斗步枪效率的建议是：使用更小口径的高速弹药。

希契曼报告

第二份要提到的重要报告便是希契曼报告，它在霍尔报告的基础上进行了补充和展开。1948年6月，美国陆军总参谋部创立了一所通识研究所，以在核时代给美国军方提供关于军事行动的科学建议；当年年底，它被命名为"运筹学办公室"（Operations Research Office，ORO）。ORO的研究领域马上就扩展到了常规武器，尤其是1950年美军参加朝鲜战争之后。ORO步兵分部的首批项目便包括ALCLAD项目：研发改进型防弹衣。该部门领导诺曼·A.希契曼（Norman A.Hitchman）表示，要想改进防弹衣，就一定要先知道战场上士兵如何受伤、何

▲ 朝鲜战争时期的防弹衣。

处受伤。因此，ORO调用了两次大战以及正在进行的朝鲜战争中的三百万份创伤记录，使用计算机对其进行数据分析，这又引出了研究步兵步枪运用的BALANCE项目。这份报告于1952年6月19日发布，最初是作为一份保密的ORO技术备忘录，编号为ORO-T-160，标题为"步兵手持武器的作战要求"（Operational Requirements for an Infantry Hand Weapon）。下文的报告摘要部分呈述了其大致目的与理念：

一支步枪在现代战争中应该发挥什么样的作用？由于射手射击的精度是有极限的，那么，我们是否可以通过给射手配备具有新式作战特色的步枪来提升命中率？ORO的BALANCE项目研究了这个问题，他们分析了射手对不同距离目标射失的频率和数量数据（以及命中点的散布），还研究了战场上的接战距离，以及不同弹道性能的子弹命中时的物理创伤效果。

希契曼报告正好始于霍尔研究报告的结束之处，这份报告的信条总的来说就是"希望通过在步兵手中的轻武器上下功夫，来增加对敌命中数和命中率"。

ORO在美军的技术部门中并不很受欢迎。一部分原因是，它的一些理论方法确实像斯塔德勒上校的继任者弗莱德·科恩博士所说的那样，是"卓越的创新"。为了解决"人-枪系统"这类复杂的问题，ORO回归到了武器的基础：我们发现，从古希腊的马拉松战役到朝鲜战争，战争并没有变得更为血腥，只是武器从短剑变成了何种各样的先进武器：单位伤亡比例一直以来都变化不大。实际上，从某种意义上讲，短剑可能比现代的传统武器更为致命。大部分武器的改进要么是增加实用射程（改进抛射器），要么是增加杀伤半径或终点效应（改进抛射物），亦或是两种兼有。但比起人类早期的战争，现代战争的后勤消耗显著增加，所以战争的消耗-战果比例也大大地增加了，敌方每个单位的伤亡比例并没有随着时间的推移或武器的改良而提高。

做出这些开放性的评论后，ORO在总结中强调："至少在前几个世纪里，武器的致命性一直都没有改变"。ORO之前就对早期战争以来的伤亡报告进行了大量的预备研究，这使得希契曼先生能够以非常权威的口气讨论步枪所发挥的作用：

步枪火力和效果在很多重要的军事部门都被轻视了。战斗中，身体的中弹部位往往呈随机分布，各种弹片也一样，因为它们并没有"指向性"。精确瞄准或针对性的射击并没有改变弹丸命中的随机性。虽然需要发射惊人数量的步枪弹才能达成一次命中，但实际上，其对躯体羸弱部分的命中率还是比炮弹弹片高一些。

陆军内部（特别是在军械局各办公室间）仍有顽固的反对声，他们反对ORO试图量化一些"似乎确实存在"的参数。如果造成伤亡的主要因素真的只是暴露的时间和程度的话，陆军热衷的远距离射击枪法训练又有何意义？在报告关于战斗伤亡的部分中，ORO哀叹道，大部分情况下，基本没有人会去研究距离和弹头命中概率的函数关系。二战时期布干维尔战役的数据中有距离的资料，几乎所有在调查中被记录下的步枪命中都发生在68.6米内。随后，军医总监办公室队伍在朝鲜的研究报告显示，109个命中样本的平均距离只有91.5米多一点。

在查阅了所有能找到的英国和美国的研究报告后，发现有效的步枪和轻机枪射击80%发生在183米以内，90%发生在275米以内。这也证实了霍尔研究报告的一些结论，也就是——轻兵器射击的命中概率在超过275米后会快速下降到"可忽略不计"的水平。

ORO本来在军械圈里就不受欢迎，但它依然对T47、T44的地面测试结果进行了大胆的批判。测试显示，陆军最新荣誉出品的.30口径T47和T44选射步枪在全自动射击时效果很差：对安装在6×6英尺（约合183×183厘米）屏上的E型靶（美军常用的一种人胸靶）进行5发可控点射时，ORO报告到："（在91.5米距离上的）点射中没有一次有多发子弹命中目标或屏幕……为了多发命中屏幕，必须把距离缩小到45.7米。"值得注意的是，即使在近距离内，"……在所有点射测试中，屏幕前的目标中弹都没有超过一发"。由于在这样短的距离内，使用M1半自动步枪对人型大小目标射击都很难射失，所以"全自动射击的效果可以说是几乎没有"。ORO还总结道："从军队对自动火力的实际需求来看，美国和其他北约国家现在重点推动的全自动手持武器开发项目应该受到质询。"这种大胆的评论显然会让一些人感到不安。

气候、时间和地形对轻兵器射击影响的数据进一步证明，"基础步兵武器的实际平均使用距离比通常想象的要短"，因此，ORO总结道，现役的最大射程3200米的战斗步枪是"过度设计""威力过大"。观察到的命中里有90%都是在短得多的距离上取得的。而且，问题并不只在于步枪本身，还在于人。希契曼先生记录

到：一个有趣的现象是……在各种常见交战距离上，人-武器系统中武器的误差实际上并不明显……但武器对目标的命中率未受显著影响的情况下，其散布却可以达到（正常散布的）两倍以上。武器设计在不断追求完美，步枪造得越来越精准（不断接近零散布）。实际上，通过分析我们可以发现，这并不符合真正的军事需求；我们发现，人-枪系统缺乏效能的最主要原因是瞄准误差。被评为专家级射手的人，在常见交战距离的战斗中表现得并不是那么令人满意。

◀▼ 军方在1959年对未来士兵的设想，手中颇有复古之风的M14与非常科幻的装备形成了鲜明对比。

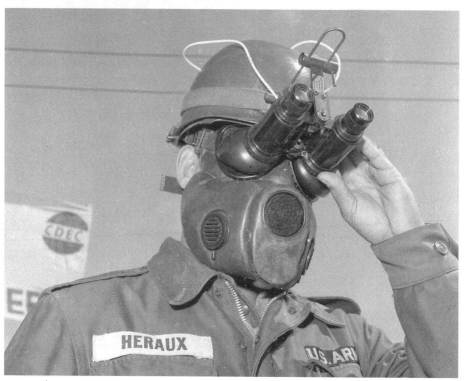

▲ 军方在1959年对未来士兵的设想，当时还登上了《大众科学》等杂志，手中颇有复古之风的M14与非常科幻的外观形成了鲜明对比。

希契曼报告解决战斗效能低的方案，是开发一种点射或齐射的新型自动武器，补偿士兵固有的瞄准误差：

齐射或者高速点射，即每次只需要释放一次扳机，就能发射数枚弹丸且自动散开。对于单枪管点射的设计，可控的枪口章动可以提供需要的散布模式；在齐射设计中，可以通过多枪管、多头弹或是像霰弹枪那样投射弹药来获得可控性散布。

ORO已经对它假定的齐射武器的一些变化量进行了实验，比如口径大小、齐射的规模（包括弹丸发射数量和理想目标散布面积）。参考了霍尔报告和阿伯丁试验场正在发展的.22口径古斯塔夫森卡宾枪（参阅"SCHV：最成功的失败项目"一章）后，ORO写道："除了理想的齐射概念武器外，也有足够的证据表示，可以设计一种军用的轻型小口径高速弹步枪。枪口初速为每秒1066.8米的.21口径弹头能在731.5米内造成和.30口径弹头相同甚至更大的伤害。"

令人鼓舞的是，ORO对军械局平行

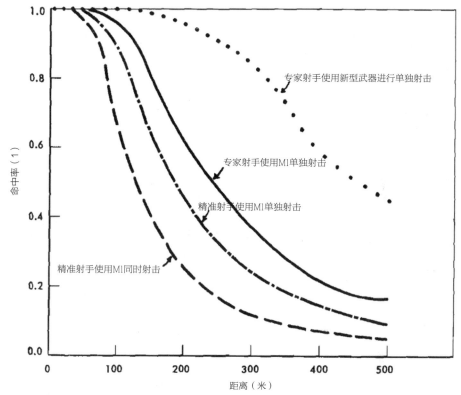

▲ 不同武器命中率与距离的变化关系。

开发的SCHV概念项目持支持态度：他们的调查显示，阿伯丁的60格令.220口径同源弹头进行4到5发理想情况下的点射时，"4磅（1.8千克）重的.220齐射武器很可能达到当代M1半自动步枪的效力"。

希契曼先生总结道："自动或齐射模式的手持武器能实质性地增加步兵瞄准射击时的效力。看起来，最好的设计是4发齐射，在274米达到20英寸（50.8厘米）的散布。"这种4发齐射武器的命中率能达到M1步枪的2倍以上，换句话说，这"会让

▲ 春田兵工厂齐射项目思路的简单示意图。

▲ .220同源弹。

使用齐射武器的普通步枪手的表现上升到使用M1步枪的专家射手水平"。

◀ 由7.62毫米NATO缩颈得到的".27 NATO"弹。

齐射项目的奇幻世界

　　1953年，ORO发布了一份备忘录，描述了双头和三头串联弹药的理论效果；随后，在齐射指导委员会的指导下，各部门开始了对串联弹药的开发与测试。1954年，ORO应齐射指导委员会的要求，设计了一种地面实验方案，来测试串联齐射弹药在战斗步枪精确瞄准射击时的命中率。而在这段时间里，各个部门可以说是"百花齐放"，研制出了相当数量各种各样的试验弹药。仅就多头弹而言，就有从.16到.30口径一系列试验弹。不过，这些还不算是最奇怪的试验弹，有些设计更加夸张，比如富兰克林兵工厂的某款.22口径齐射弹药。

　　首先介绍的是为所谓的".22口径喷射枪"设计的试验弹。这种弹药基于M21A1 20毫米航炮教练弹开发，在弹壳内塞入了5枚39格令.22口径的实心铜弹头。其在设计时的主要困难是控制射速和每枚弹丸的初速。为了解决这个问题，尝试了不同大小的弹头分度孔和导气孔的组合。在最后的设计中，弹头之间分度孔的直径为0.889毫米，导气孔的直径为3.175毫米；

▲ 齐射计划的三H指标：命中、杀伤、压制。

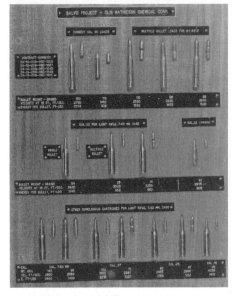
▲ 齐射项目的一部分试验弹。

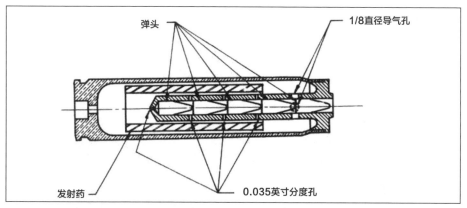

弹头

1/8直径导气孔

发射药

0.035英寸分度孔

▲ 为.22喷射枪设计的试验弹。

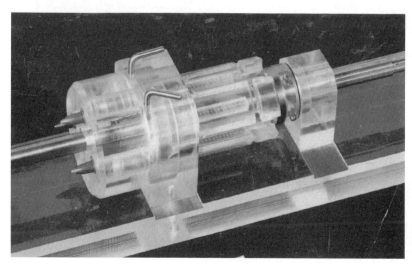

◄ 固定的.22旋转式齐射模拟器。

平均射速大约是每分钟66000到86000发，最大膛压为每平方厘米3.52吨，弹头初速约为每秒777.24米。可惜的是，该弹在试验中的表现并不令人满意，也未能达到既定目标。轻兵器发展史上，拿机枪弹扩口做成航炮炮弹的例子有不少，但将航炮炮弹改装成轻兵器弹药的情况，大概也就能在这种探索性的计划中出现了。

齐射计划中的奇思妙想不限于弹药，配套的枪械也是一个比一个奇特。且不论各种各样的验证枪械（实际上那些机器被称为"模拟器"更合适），春田兵工厂和奥林-温彻斯特公司还真的以步兵肩射武器为目标，设计了若干种笨拙复杂的多管武器，其中就包括某种.22口径的双管齐射步枪。1956年2月，春田兵工厂通过了斯特

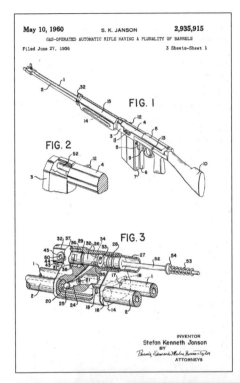

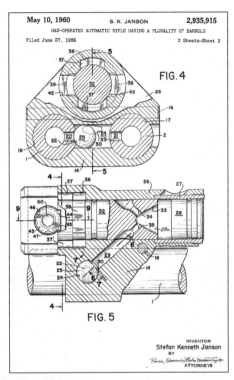

▲▲ 奥林-温彻斯特双管齐射步枪图纸及实物。

凡·K.詹森的设计，他在T48步枪的基础上设计的原型枪也于1957年问世。该枪两根长584.2毫米的枪管并排布置，相应地有两个抽壳钩，两个击针，但只有一个击锤和导气管，枪口有一个很大的制退器；导气系统经过巧妙的设计，保证只插入一个弹匣时仍能工作。该枪使用的.22口径T65弹药在7.62毫米NATO弹的基础上，

塞进了2颗5.56毫米的弹头。当然，这款武器的重量超标了，达到了约5.35千克。

那些设计师似乎还不满足于制造一种看起来很威猛的双管步枪，他们同样试验了三管齐射武器。".222口径抵肩齐射步枪可行性研究"中描述了一种奇特的步枪设计方案。这是一种导气式，中心发火同时射击的三管齐射武器，三根枪管呈

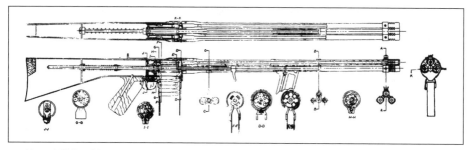

▲ 三管.222齐射武器分解图。

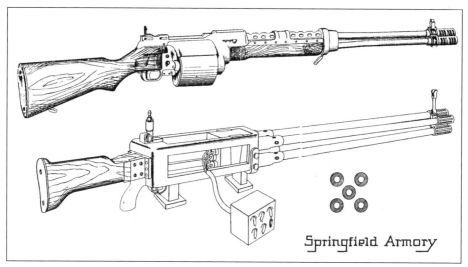

▲ 这种多管齐射武器还有另外的一些试验型号，例如使用弹鼓的三管齐射步枪（上）和电发火5管齐射模拟器（下）。

"品"字形布置，螺接在枪管节套的环上，由枪管制退器组件卡在一起。机匣为圆柱形，枪托为整体式渐缩形，上面覆有隔热材料，和上枪管连通的导气管位于三根枪管的中间，一个双排单进24发弹匣从机匣下部供弹。

这款步枪的自动流程需要依靠一个转子（rotor），这是一个位于机匣最前端，越过弹匣开口处的圆柱形滚筒。转子的前端由机匣枪管节套上环的球轴承支撑，其尾端由一个轴颈轴承支撑。转子上有7个纵向的孔，最大的是一个完全贯穿转子的轴向孔；在中心孔周围有三个呈正三角形布置的"二级腔室"，作为弹药的导轨；更外侧的腔室是配合穿过转子的插销的孔洞，可以保证在转子侧面的供弹和抛壳。每个二级腔室附件平行处都有一个容纳击针的洞。

步枪开火后，导气杆会向后运动约12.7毫米，然后凸轮轨道会驱动转子和枪机上的横耳。凸轮机构能制造一段延迟时间，保证枪机在弹头飞出枪管前严格闭锁。导气杆凸轮轨道第一处弧形部分与转子从动机构接触后，转子沿（从尾部向前部看）逆时针方向旋转大约47.5度；这个动作能解锁枪机，旋转枪机后部的击针，并把三个转子的腔室和枪机耳对齐。随着导气杆继续后退，导气杆上的横耳穿过上膛环，驱动枪机锁耳运动，并将枪机向后带入转子，同时枪机从弹膛抽出空弹壳。在这个过程中，转子保持静止。

清空弹膛后，导气杆的第二道弧形凸轮轨道会与转子的从动器接触。这时，转子开始顺时针转动，同时枪机运动到转子尾部。枪机开始和转子一起转动时，锁耳开始和导气杆横耳分离。枪机运动到转子最后部时，完全解锁，枪机停止运动，但导气杆继续向后运动并转动转子。转动过程中，每发弹药都运动到5点钟位置，抽壳钩抓着弹壳在机械右下方把弹壳抛出。导气杆和枪机脱离后，继续向后运动，直到停在枪托里的缓冲器内。这时，弹壳已全部抛出，转子被定位到上膛位置。从开锁阶段算起，转子转过的角度大约是276度。之后复进过程基本就是后坐过程的逆过程，只是抛壳改为通过上弹环向弹膛供弹。枪机都闭锁后，这款武器的一次自动流程才告结束。

虽然齐射计划总的来说是一个允许各种奇思妙想的计划，但这些多管武器应该说"奇思妙想"的太过分了，完全脱离了实际需求。因此，尽管从中收集到了很多有价值的点射数据，但是这些武器无一例外地落马了。

齐射一期地面测试

当然，齐射计划不可能全是上面介绍的那种脱离实际的试验武器，也有一系列很有潜力的武器。海军研究办公室1952年向马里兰科州基斯维尔的航空武器有限公司（AAI）发出了一份合同，让它提供一定量测试用的12号箭霰弹，每发装有32枚钢制"小箭"。初步测试结果让人印象深刻，这些8格令重的小箭可以在91.5米的距离上打穿将近153毫米厚的木板。同一时期，弹道研究实验室（BRL）和阿伯丁发展验证中心的SCHV项目也推进到了古斯塔夫森卡宾枪和.22卡宾弹的阶段。到了1956年，BRL等有兴趣的部门也被批准一同参加ORO的测试，分配到的设施位于本宁堡。1956年6月，ORO正式开始了试验，这就是齐射一期地面测试。

首先来介绍一下参加地面测试的各型号弹药和与之配套的枪支：

1. 对照组，一如既往地由发射.30 M2弹的M1步枪充当；

2. .30-06改装的双头弹，这次试验使用的是一种长弹颈弹，两枚弹头都位于弹颈中，相应也有两条紧口沟。总重29.1克，每枚弹头重6.2克，初速为每秒801.6米，发射枪支为改膛的M1步枪；

3. .30-06改装的三头弹。测试采用的也是长颈弹，不过弹颈和双头弹一样长。.30-06三头弹总重28.5克，单发弹丸重3.95克，初速和双头弹一样，约为每秒801.6米。发射枪支为改膛的M1步枪；

4. SCHV（小口径高速弹），搭配古斯塔夫森卡宾枪；

5. .22口径的T48步枪，发射68格令（4.4克）塞拉弹头，弹壳是将7.62毫米NATO弹缩颈得到的，因此也被称为.22 NATO弹，总重18.14克，初速约每秒1036.3米；

6. AAI公司的箭霰弹，这次将小箭质量增加到了0.84克，仍然为12号口径32枚；总重约46.7克，初速约为每秒426.7米；发射枪支为使用适配型增强枪管的雷明顿11-48霰弹枪。

地面测试分为很多阶段，包括弹药测试、瞄准误差测试、齐射武器效力测试等等，除了单发测试以外，古斯塔夫森M2卡宾枪、.22口径T48步枪还有相应的点射测试。另外，齐射地面测试并不是很关注精度，而是更关注命中率，这也是该计划的主导思想决定的。经过一系列复杂的测

试，试验人员得到了总体来说还是很不错的结果。

双头弹的杀伤率总体上比单头弹高了60%，随之而来的是精度的下降（坐姿散布增加40%，站姿增加50%，夜间射击散布增加60%，概略射击时增加80%；专家射手小队散布增加57%，各小队平均增加64%，不熟练小队增加72%）；射速和单头弹相比差异不大。三头弹的杀伤率总体上比单头弹增加了一倍，射击时的精度也下降了（白昼射击散布增加70%，概略射击散布增加120%）。系统的总重量和使用单头弹的对照组差异不大。

▲ 雷明顿11-48霰弹枪。

▲ 适配22-06双头弹的M1步枪。

▲ 30-06双头弹，长弹颈版本。

▶ 三头弹，长弹颈版本。

进行全自动射击和半自动射击时，杀伤率有增有降（白昼射击降低30%，夜间射击降低10%，概略射击增加60%）。每分钟的射速大约增加了50%。

和M1步枪相比，.22口径卡宾枪杀伤率总体上增加了50%，精度毫无疑问也下降了（坐姿射击散布增加80%，

▲ 测试中使用的.22 NATO弹。

箭霰弹的杀伤率总体上是对照组的2—4倍（增加了100%~290%）。箭霰弹的精度下降得很厉害，散布很大（夜间射击散布增加130%，概略射击增加380%）。和M1步枪比，系统重量增加了约30%，射速降低了50%。另外，1957年4月—9月，阿伯丁地面发展和验证中心的劳伦斯·F.摩尔先生进一步测试了齐射一期计划的实验材料，来获得初速、侵彻力和精度方面的数据。在他的最终报告《齐射步枪试验材料的测试》中，摩尔先生写道，散布测试中，只有52%的小箭击中了36.6米外直径76.2厘米的圆靶。但是，箭霰弹的侵彻力还是可观。即使是用膛压相对较低的霰弹打出箭霰弹，直径2.21毫米的小箭也能轻松地在274米的距离上击穿M1钢盔的一侧和衬垫，有时甚至能在457米外将其打个对穿！

接下来便是对两款.22口径武器的测试。情况总体而言比较复杂，用这些弹药

▲ AAI公司的32发小箭箭霰弹。

站姿射击散布增加70%，概略射击散布增加40%），夜间射击杀伤率也减小了20%。.22卡宾枪的一大优势在于，其系统重量比M1步枪减小了50%，射速则提高了20%。

至于.22口径T48步枪，它的杀伤率总体上比M1高20%，而且精度的下降是几种武器里面最少的（坐姿射击散布增加20%，站姿射击增加10%，概略射击增加10%）。该枪在夜间射击中杀伤率增加了120%，系统总重量比M1降低了10%，射速增加了10%。

测试人员对结果还是很满意，他们建议马上考虑采用双头弹或三头弹。他们认为多头弹已经发展得比较完善，也证明了自己的有效性。另外，测试人员总体上还是很看好全自动射击，认为未来的武器

应该具备这种功能。虽然SCHV本身不是ORO的项目，但他们在报告中还是推荐进一步发展.22武器，并认为应该测试.22双头弹。不过最有趣的是，测试人员对箭弹给予高度评价（尽管测试中AAI的箭霰弹表现并不算特别出众），认为这种弹药很值得大力发展。注意这个结论，它将会影响齐射项目的最终结果。

齐射二期地面试验

陆军司令部及其测试部门——陆军步兵局的本部都在本宁堡，步兵局饶有兴趣地旁观了齐射一期地面测试。当然，不可能一次测试就解决所有问题，相反，齐射一期发现了很多值得讨论和探究的新问题。1957年12月，齐射一期地面测试的后续项目在本宁堡展开，名字自然就叫"齐

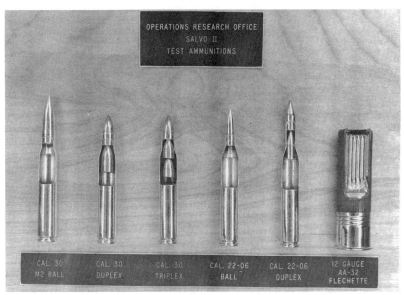

◀ 齐射二期地面测试弹药一览。

▶ .30-06双头弹，短弹颈版本。

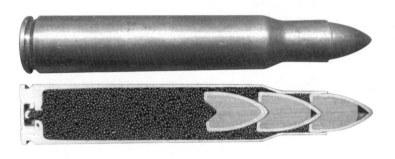

▶ .30-06三头弹，长弹颈版本。

射二期地面测试"。

与齐射一期相比，这次参加测试的弹药和与之配套的步枪有一定的改变：

1. AAI的12号32发箭霰弹和配套的雷明顿11-48A型霰弹枪没有任何变化；

2. .22单头弹从原来4.4克.22 NATO弹换成了.22-06弹，即在标准的.30-06弹的基础上缩颈，安上一枚法兰克福兵工厂生产的4.4克重的弹头。发射的枪支也从T48步枪改为了改装版M1步枪；

3. 应一期测试的推荐，这次测试推出了.22-06口径双头弹，该弹由奥林-马尔西公司生产，在.30-06弹的基础上缩颈，再在长弹颈上安上了两枚50格令弹头；

4. .30口径双头弹和三头弹。但是二期测试的多头弹和一期测试不同，不再具有长弹颈，弹壳长度和标准的.30-06 M2弹一样长。发射的弹头倒还是一样，双头弹是两枚6.2克弹头，三头弹是3枚3.95克弹头。

这次测试在弹药初速方面做得更加精确。.30口径双头弹的初速，前一发是每秒806米，后一发是每秒762.6米。.30口径三头弹的初速分别为每秒887.9米、每秒839.4米和每秒686米。.22-06双头弹的初速分别为每秒906.8米和每秒883米。初速上的不同可以说是多头弹的一个先天性不足，虽然有利于多头弹出膛后的分离，但会造成弹道上的不同。这在近距离还不太明显，但随着距离的增加，两枚弹头弹

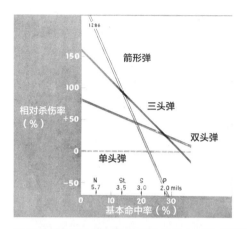

▲ .22-06双头弹，长弹颈版本。

◀ 齐射二期地面测
试的大致结果。

▲ ▼ 下图左侧两枚
即为M198双头弹。

▲ M198弹剖面。

道的差异会越来越大。这个问题会给射手的瞄准与射击造成很大麻烦，也是多头弹在轻兵器发展史上总体来说被冷落的原因之一。

　　齐射二期地面测试的目的是寻找更多关于命中率的有意义的数据。这次测试是首次在真正意义上的实战模拟中进行的弹药有效性对比。ORO发现精确瞄准射击的精度随着距离、目标暴露时机和射手枪法的变化而变化。另外，二期测试又一次证明了双头弹和三头弹在命中率方面对单头

弹的优势，尤其是.22口径双头弹，其命中率比.30单头弹要高得多。然而，AAI的32发箭霰弹散布并不是很容易控制，散布随着距离的增加上升得很快，在一定距离上杀伤率甚至不如.30单头弹。

　　在结论中，实验人员建议马上采用.30口径双头弹（缩短二期试验的多头弹弹壳长度也是基于这个考虑）。实际上，为了让发射7.62毫米NATO弹的武器也能使用双头弹，研究人员也在其基础上进行了研发，并获得了正式编号M198。该弹沿用

▲ 从左往右依次为.30-06 M2弹；.30短弹颈三头弹；.30短弹颈双头弹；.22-.30弹；.22-.30双头弹；AAI箭霰弹。

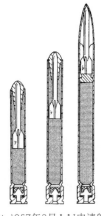

▲ 1957年3月AAI申请的专利中的三种箭形弹，分别是A型、B型、C型。

7.62毫米NATO弹的弹壳，安上了两枚5.4克弹头。不过，虽然有了正式编号，但没有证据显示美国人在作战中用过这种弹。

值得注意的是，尽管32发箭霰弹表现不是最好的，但齐射二期地面测试的报告中居然赤裸裸地写道："齐射项目应该把减小多头箭弹散布放在最优先的位置。这个项目也考虑过……超轻、高速、高射速、小口径的单头箭形弹步枪。作为辅助工作，应该认真地考虑发展一款手持箭弹武器。"这个建议比齐射一期更加露骨，指向性更强。简单地说，齐射指导委员会指的就是AAI当时还在发展的单头箭形弹。也就是说，尽管在推荐部分还是写了不少，但ORO此时已经完全把它最初设想的多头弹概念抛到了脑后，转而支持BRL同时期研究的箭形弹。

的确，轻型单头箭形弹有极高的初速，弹道平直，后坐力小，侵彻力高。或许应该这么说，既然ORO已经找到了"完美"的齐射弹药，那么只需要支持

这个发展概念就可以了。ORO之后建议制造一支使用箭形弹且散布可控的点射武器，并认为每名战斗士兵都应该拥有这么一支武器。不管士兵个人的枪法如何，新型武器都会极具致命性。实际上，

▲ 串联多头弹射击实拍。

这种武器在不远的将来也确实出现了，即SPIW（Special Purpose Individual Weapon，特殊用途步兵武器）。当然，SPIW的发展历程是另一个故事了。

尾声

虽然从结果论的角度看，齐射项目并没有搞出什么可用的东西，但它在美国轻兵器发展史上的地位还是很重要。它是战后美国第一个有创新意义的轻兵器计划，虽然很多试验品用今天的眼光来看就是浪费纳税人财产（实际上美国国会也是这么认为的），但敢想敢做的精神还是值得尊敬。况且，齐射计划也并不是没有留下遗产：首先，SCHV（小口径高速弹）最先接受检验就是在齐射项目，一期测试中的.22卡宾弹和.22 NATO弹可以说是后来.222 Special的前辈。其次，在美国后来的各种轻兵器项目里也总能见到齐射项目的影子。比如CAWS（Close Assault Weapon System，近距离突击武器系统）项目，H&K的战斗霰弹枪也出现了箭霰弹。追求可控散布这一设计思想影响就更加深远了，直到20世纪80年代末的ACR（Advanced Combat Rifle，先进战斗步枪）项目，设计人员仍沿用这一思想来试图提高命中率。总的来说，齐射项目是美国战后第一次对先进轻兵器设计思想进行较大规模的验证，其设计思路的启迪性不容忽视。与之相比，同时期的轻型步枪项目虽然造就了M14，但是毕竟"步子迈得太小了"。真正一点点推动美国轻兵器技术向前发展的，还是这些看起来稀奇古怪的新东西。

锥膛齐射项目

柯尔特的锥膛齐射（Salvo Squeeze Bore，SSB）项目其实和齐射项目是两个不同的项目，行政上关系不大。但由于技术上有相当的相似性，因此在这里简单介绍一下。

1961年，罗宾逊11型的设计师拉塞尔·罗宾逊申请了一份锥膛多头弹系统的专利。锥膛齐射概念认为，从理论上讲，向枪口方向缩小口径的枪管能让弹头在离开枪管后相互分散。这个概念被认为是可以在极大程度上增强单兵火力的"战力倍增器"。假设一挺M2勃朗宁机枪以每分钟500发的射速射击，那么使用这种弹时投射量就可以达到每分钟2500发。

这份专利申请直到1969年才过审，那时，罗宾逊和柯尔特已经就此概念研发了数种口径。包括.50/.30口径（整体尺寸12.7毫米，单枚弹丸尺寸7.62毫米），

▲ 9毫米（左）和12.7毫米（右）SSB弹。

7.62/.220口径以及9毫米/.30口径，也试验过.45ACP和5.56毫米口径。为了能够稳定地上弹，各弹丸通过蜡状的材料黏合在一起，并用聚合物封装。所有发射齐射弹药枪械的枪管前部都被替换成了口径逐渐缩小的滑膛枪管。

军方对该系统很感兴趣，20世纪60年代初将其归为先进项目研究局（ARPA，Advanced Research Projects Agency）AGILE项目的一部分。.50/.30锥膛齐射弹的目的是改造M2重机枪，通过增强火力和打击范围，加强其反人员功能，改装只需要锥膛枪管和相应的弹药；最早是将标准的枪管缩短，重新加工内膛，改造成一根482.6毫米长的锥膛枪管；该工作由罗宾逊自己的罗宾逊改进常规武器公司完成。测试工作由美国陆军有限战争实验室进行，初期报告显示，这种武器在200米内有有效的侵彻力。然而，弹头之间的蜡状黏合剂有污染枪管的隐患，枪管磨损也会增加。越南战争时期，美国海军也在黄水海军的巡逻艇上测试过这种武器，目的是压制河岸上茂密植被中的目标。

AGILE项目还开发了一种所谓的"金属条弹"，同样是通过类似霰弹的方式提升火力。这种弹同样在.30–.50口径的武器上进行了试验，很像SSB系统。具体是这样的：很多根短铅条被压模压成一个核，随着弹丸通过枪管，膛线带来的离心力会让金属条在射出枪口时分散开来，可以达到类似霰弹的效果，增加命中率。不过，这种金属条弹的开发到1964年就被放弃

▲ .50/.30 M2锥膛齐射武器系统。

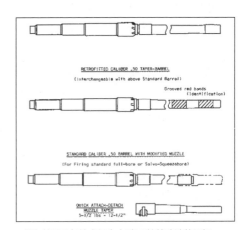

▲ 柯尔特1968年技术报告中对M2枪管改造的图解。

了。这种弹头需要进一步的研发，而其他系统提升杀伤概率的程度更高，项目的成功率也更高。

1968年，柯尔特根据美国军方在内河巡逻艇上测试.50/.30 M2机枪的结果，发布了一份技术报告。该报告也回应了1963年有限战争实验室测试和评估报告中关于滑膛枪管磨损和寿命的担忧。有限战争实验室认为，使用SSB弹药的枪械还不够可靠，不能马上投入使用。柯尔特1968年的

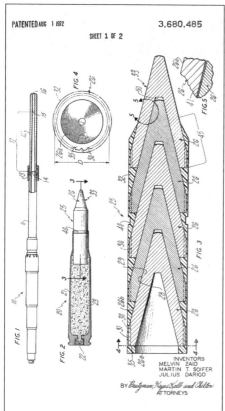

▲ 1969年.50/.30锥膛齐射弹的专利图。

报告反驳道，弹药构造和枪管设计都已经进行了改进，将有效射程从200米提升到了1000米。柯尔特声称两根SSB枪管和5000发弹药大概会花10000美元——这比一套新的武器系统更便宜。随着产量的上升，柯尔特相信自己的.50口径SSB弹的价格会降低到M2 .50穿甲弹的水平。然而20世纪60年代末到70年代初，军方看起来已

▲ 各种各样的锥膛齐射弹药。

▲ ▶ M1971手枪发射锥膛齐射弹
示意图（上）和实物（右）。

经对这个概念失去了兴趣；而且此时美军
在越南战场已经开始处于下风，未必真的
需要新武器了。

　　不过，至少在1965年以前，军方对此
概念还是感兴趣的。在法兰克福兵工厂，
用M3冲锋枪试验过.45/9毫米弹药。这次
测试显示SSB概念弹药效果很不错，但军
方又一次担忧起枪管损耗和污垢问题（尤
其是考虑到弹头还是用铸钢制造的）。另
外，柯尔特还准备在自己的M1971手枪
上使用锥膛弹。该枪使用9毫米双排15发
弹匣，所发射的弹头为罗宾逊的齐射三头
弹，这样就可以将手枪的火力提升三倍。
柯尔特于1971年3月发布的技术报告描
述说："普通人没有能力用手枪命中目标

（尤其是在巨大的压力下），除非是在极
近距离内。"而SSB弹可以模拟霰弹枪的
效果，可以在保持手枪弹道的同时，增加
其命中率。不过，这种设计虽然理论上弹
道比霰弹枪稳定，但实际上弹着点分布不
均。柯尔特用一支固定的乌兹冲锋枪进行
测试，在15米的距离上射击9毫米/.30弹，
平均散布为4.32厘米，最大散布达到了16
厘米。在更远的距离上（43米），平均散
布达到了22.4厘米，最大散布激增至106.7
厘米。以色列可能对SSB弹有过兴趣，因
为发现过带以色列弹底标记的弹药。

　　和M1971手枪一样，SSB弹项目最后
被搁置起来，只是在弹药发展史上留下了
有趣的一笔。

被抛弃的先进者
阿玛莱特AR-10步枪小传

约翰逊半自动步枪

谈AR-10步枪的故事之前，让我们先把目光转向一款看似毫无关系的武器——约翰逊半自动步枪。

美军1936年就采用了M1加兰德步枪，但该枪那时还远没有达到完美的境界。这让其他人看到了机会，其中就包括海军陆战队预备役上尉梅尔文·约翰逊（Melvin Johnson），他在工作之余也制造了几把原型枪。1938年3月，约翰逊被允许拿着他的"No.1"号步枪到本宁堡给步兵局进行一周的演示，这时M1还在克服

"成长的阵痛"。约翰逊显然不仅仅满足于此，还为自己的发明申请了两份专利，分别于1937年9月28日（第2094156号）和1939年2月14日（第2146743号）被批准；同时他也在不断进行改进，并创立了约翰逊自动武器公司，准备用自己的发明大赚一笔。

事实上，在M1与约翰逊步枪的竞争中，军务部委员会主席甚至都准备正式采用约翰逊步枪了，还将其命名为"United States semiautomatic rifle,M2,caliber .30"（美国半自动步枪，M2，.30口径）。

当然，随着M1步枪的顺利量产，约翰逊的努力最后还是失败了，M2步枪的编号给了一支以M1903为基础改装的.22LR口径训练步枪。约翰逊半自动步枪仅装备了美国海军陆战队，在二战中有少量使用。

▲ 约翰逊自动武器公司。

在半自动步枪的竞争中失败后，约翰逊并没有放弃希望。二战期间，他研制过约翰逊轻机枪并参加测试；还研制过一款20毫米机炮，也就是后来的EX-2，1942—1945年间由美国海军进行过测验。但是，所有原型枪都未能量产，约翰逊的工程最终随着战争一起结束了。战后，约翰逊仍在和军事部门打交道，他成为ORO的一名研究咨询师。在这期间他发展了"喷火"步枪——一种古斯塔夫森.22口径卡宾枪的运动版本，但用的是缩短弹壳的.30卡宾弹。到20世纪50年代中期，约翰逊还在扮演东海岸军用步枪顾问的角色，同时在一家加利福尼亚州小武器公司当公关，那家公司就是阿玛莱特。

◀ 阿玛莱特最初的厂址，当时商标还是飞马，现在换成狮子了。

▲ 约翰逊的第一支原型枪，不得不说非常的"原型"。

▲ 约翰逊半自动步枪。

▲ 约翰逊轻机枪。

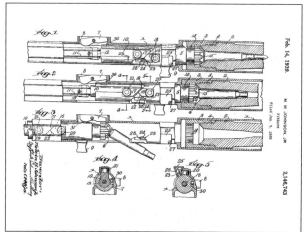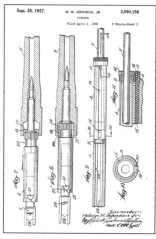

▲ 约翰逊的两份专利图纸，左图为第2146743号专利，右图为第2094156号专利。

Tomorrow's Rifle Today

　　虽说名义上是顾问，但约翰逊在技术
方面也给阿玛莱特公司做出了很大贡献。
斯通纳AR-10的八突笋枪机及其锁入枪机
节套的方式，事实上是直接采用了约翰逊
步枪的设计，此设计在约翰逊1937年的专
利上就已经有记录了。

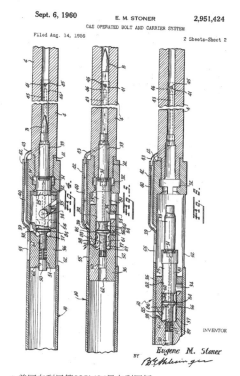

　　斯通纳将其他武器的设计特征与约
翰逊的枪机、枪机框结合起来，创造出
了AR-10。正如约翰逊所提到的那样，
斯通纳只用了一根简单的导气管，这种
气吹式（即直接导气式）导气原理也
被用于瑞典的杨曼AG42步枪及法国的
MAS1944/1949半自动步枪。除了这些相
对简单的设计元素组合，斯通纳还以导气
孔吹出的热气流取代了传统导气式系统里
的导气活塞及配合的弹簧。热气流从导气
孔吹出后，沿着空的导气管向后运动，直
接作用于枪机框上。

▲ 美国专利局第2951424号专利图纸。

斯通纳天才般的导气系统之核心，便是AR-10的这根导气管。它位于枪管的左侧，埋在护手里，能将气体导入机匣，使其进入枪机尾部及其周围的枪机框之间，对枪机框做功，驱动枪机框向后运动；运动约1/8秒后，枪机框的进气口和机匣中的导气口脱离，后续的气体被切断。此时，枪机框获得的动量已经足以使它继续向后运动。向后运动过程中，闭锁突笋和闭锁槽配合，使枪机旋转开锁，并继续完成一整套自动流程。子弹从枪管中飞出，导气过程也结束后，残存的气体从枪机框右侧的小孔中吹出。和之前的约翰逊步枪一样，AR-10并没有预抽壳过程，枪机在没有完全开锁前不会向后运动。

▲ 尤金·斯通纳和他的AR-10原型枪。

斯通纳最早的AR-10原型枪使用的是.30 M2弹(7.62×63毫米弹)，供弹具是BAR的20发弹匣。它有一个管状的直枪托，照门很高，这点很像约翰逊M1941半自动步枪和M1944轻机枪。一番研究之后，第二款AR-10原型枪有了很多改进；该枪于1955年年底完成，使用7.62毫米/.308口径子弹。弹药的更换意味着需要设计一种新的铝制弹匣。第二型原型枪没有机械瞄准（铁瞄），通过桥夹在机匣上接上了一个德国二战时期的ZF-4瞄准镜。这两款原型枪使用的都是传统的钢制枪管。

▲ 最早的原型枪，斯通纳 M-8 SN X01。

▲ 第二支原型枪，阿玛莱特AR-10 No2 SN X02。

AR-10的第三款原型枪，即"AR-10A"，使用一个113.4克重的铝制"华夫饼"弹匣（因弹匣表面的加强沟槽花纹像华夫饼而得名）。拉机柄和枪机框相连，装于枪身侧面。从枪口算起，钢制枪管有

约152毫米长的部分被一个带挡板与孔的杜拉铝制圆柱体包围，能够有效地起到枪口制退器和消焰器的作用。枪托、手枪型握把和护手上都有沙利文/米切尔的商标，这些部件都是在玻璃钢支撑的塑料外壳中填充刚性塑料泡沫制成的。1955年12月，尤金·斯通纳、乔治·沙利文和德弗斯将军向步兵局和在它本宁堡的学校展示了唯

▲ AR-10B的华夫饼弹匣。

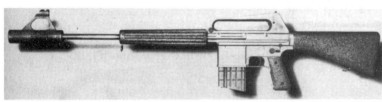

◄ AR-10A步枪。

——支AR-10A原型枪。度过了一段紧张的日子之后，到1956年春季，AR-10A在一些饶有兴趣的看客面前已经表现优异，其中包括位于弗吉尼亚门罗堡的CONARC总部人员。

对于仙童公司（Fairchild，阿玛莱特的母公司）来说，AR-10的发展是一场与时间赛跑的无情赌博，而且经费有限，甚至胜算也不大。尽管有以上种种困难，阿玛莱特还是进入了轻型步枪计划的竞标。然而，虽然CONARC对AR-10表示出了兴趣，但军械局似乎已经到了必须在T44和T48之间作选择的地步，因为它们的研发已经相当充分，并且都已经在美国生产了试验数量的枪支。阿玛莱特面临着巨大压力，要么现在就撤出竞赛，要么就继续改善AR-10，去迎接不确定的未来。

不过，AR-10A的演示确实是一次一举三得的成功。首先，CONARC同意了步兵局的推荐，让军械部研究和发展部门调查AR-10的军用潜能；其次，更重要的是，在1956夏天通过了一项决议，将正在进行的齐射计划的地面测试结果与阿玛莱特共享，这样一来，阿玛莱特也可以开始探索专门为SCHV（小口径高速弹）设计一种坚固耐用、轻量化武器的可行性；

最后，假如AR-10A确实产生了轰动性的效果，那么军械局可以为仙童提供直接经济资助，来支持阿玛莱特武器的进一步发展。当然，这是有代价的，最终产品的专利权要归军械局所有。这个邀请被斗志昂扬的公司主管们拒绝了，他们很快就宣布了AR-10的进一步扩张计划。

在仙童公司巨大热情所带来的压力下，阿玛莱特进行着紧张的冲刺，忙于以斯通纳的第四支原型枪为基础，进行小批量生产的准备。为了达到最大程度的轻量化，第四支原型枪使用了一种复合枪管，枪管的节套部分螺接上一个带膛线的、高强度的钢制内衬垫，衬垫被铝制外壳包住，不过斯通纳本人并不建议使用这种枪管。扳机护圈可以打开，以便冬季戴手套时使用（被称为"冬季扳机"）。这款原型枪是完全美国制造的AR-10步枪的先驱者（虽然也就制造了不到50支）。

同时，军械局首席办公室通过了CONARC测试AR-10步枪军事潜能的请

▲ 戴手套情况下操作AR-10。

求，测试计划被扔到了罗伊·E.雷尔上校的办公桌上，当时他主管春田兵工厂的研究和发展部门。雷尔上校在《流弹：一位武器研发者生涯中的故事》中这样回忆了兵工厂处理阿玛莱特事务期间的趣闻：

1956年秋，我收到消息说兵工厂要测试一款叫AR-10的新型轻型步枪，它由阿玛莱特公司研发……在兵工厂的我们都没有见过这种步枪，但已经听说它在本宁堡和门罗堡进行了演示。阿玛莱特的工程师之前就拜访过我们，但并非来处理进入轻型步枪项目的相关事务。他们是来讨论正在从事的新型运动步枪枪管工作，这种枪管部分或是全部由铝制造。工程师们不光是来寻求建议，还观察我们是否有兴趣测试一下使用这种枪管的武器。我们认为军用步枪快速开火时枪管会承受很大的压力，若是用铝制造会承受不住，即使用了最新的硬质涂层也是这样。不过，我们对结合钢制内衬套和铝制护套的枪管设计理念更感兴趣。我让亚历山大·汉默博士基于理论强度和精度评价了这种设计，同时考虑了热量和压强的影响。这个设计和我们考虑过的其他复合设计有些相似。研究发现这种设计可行，或许还能节约半磅的重量，但枪管造价会更昂贵。我们表示有兴趣测试这种复合枪管，根据商业协议，我们为测试的步枪象征性地支付1美元，阿玛莱特就能免费参加性能效果测试。

我们很快就拜访了多切斯特先生，以安排测试计划。这次拜访让我们第一次有机会详细查看AR-10步枪，该枪重7.5磅，

参加测试的AR-10第四型原型枪

（AR–10B）

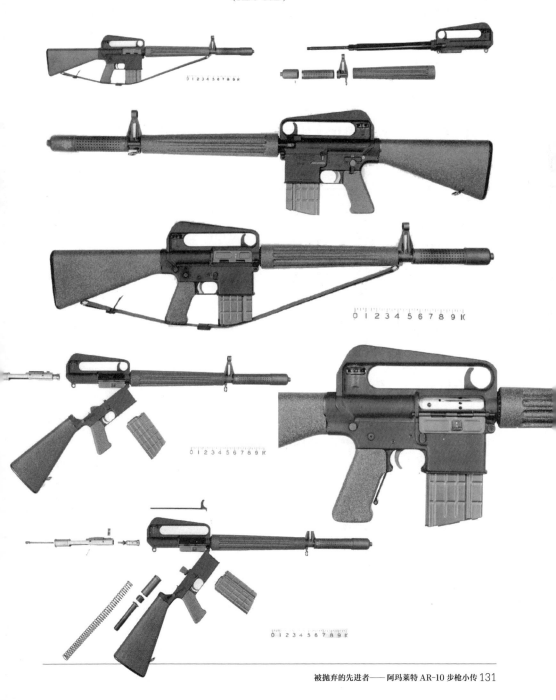

AR-10步枪与其竞争者的对比

项目 \ 型号	M1	T44	T48（FN）	AR-10
步枪重量（磅）	9.56	8.45	9.47	6.85
弹匣重量（磅）	–	0.53	0.57	0.25
全长（英寸）	43.06	44.25	44.63	41.25
导气杆	有	有	有	无
射击方式	半自动	半自动&全自动	半自动&全自动	半自动&全自动
耐腐蚀材料	无	无	无	有
枪托材料	木制	木制	木制	塑料
提把	无	无	有	有
快速更换枪管（轻机枪型）	是	否	是	是
冬季扳机	无	无	有	有
枪管散热器	无	无	无	有
防尘盖	无	无	无	有
高效枪口制退器	无	无	无	有
前部闭锁枪机	是	是	否	是

比T44步枪轻了1.25磅。轻量化主要是通过使用充满泡沫塑料的枪托和一根钢铝复合枪管实现的，还取消了刺刀和榴弹发射适配器，这节约了更多的重量。这款武器是导气式操作，击发时，气体从导气管导入，进入枪机尾部和枪机框之间的空间，此时气体做功，推动开锁和再装填过程。这款武器的导气系统大体思路和加兰德退休前研制的最后一款步枪——T31有一定相似之处。为了减小一款使用7.62毫米NATO弹的轻型步枪发射时所产生的尖锐后坐力，一个看起来像小罐子的枪口制退器被用来引导喷出的气体。准星被架得很高，照门和提把合为一体，使用一个20发的盒式弹匣。大体上来说，这款步枪的设计满足军队新型轻型步枪项目的很多目标。（我们）基于T44和T48步枪的一些测试样式制定了一个测试项目。多切斯特先生要求为参加测试对步枪进行一个小改进，我们同意了。阿玛莱特聘请了梅尔文·约翰逊先生作顾问，以监督一场公平、公正的测试进行。梅尔文曾经与温彻斯特有联

1002号步枪的损坏情况

（AR-10B）

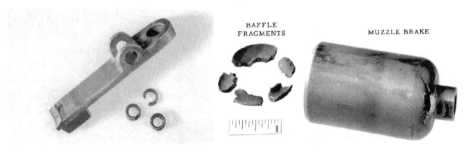

▲ AR-10 1002号抽壳钩和抽壳钩簧。

▲ 1002号步枪在射击第316发子弹时枪口制退器损坏。

▲ 1002号AR-10步枪发射469发后的枪机组积碳情况。

▲ 测试中炸裂的枪管。

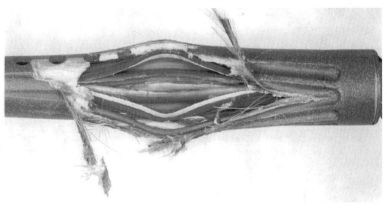

◄ AR-10炸膛后的护手。

◄ 1002号原型枪，发射第5564发子弹时炸膛。

▲更换后的新枪管。

系，但他那时是一名职业自由顾问。

对两支步枪（序列号为1002和1004）的测试从12月中旬开始，但很快就因枪口制退器/消焰器的损坏问题而停止了。其他的问题，像抽壳钩损坏、阻铁损坏、上膛失败、刺穿底火、哑弹、抽壳失败和导气管弯曲也均有出现。

1957年1月初，阿玛莱特代表给出了改进版的原型枪，并表示已经准备好恢复测试。枪口制退器改用钛制造，而非杜拉铝，原有的不锈钢导气管改用4130合金钢制造。

第一天，我们再次检查步枪，给步枪称重，让阿玛莱特的代表解释他们做了哪些改变，敲定测试项目。我们把1002号步枪分配到耐久性测试，另一支（解决了导气管弯曲问题的1004号步枪）分配到整体性能测试。由于使用了更强劲的、重新设计的组件，后坐力和枪口气浪都很好地处在控制范围内，不过随着测试继续，污物开始

堆积，枪口焰也不再被很好地抑制住。

在结霜和零下环境的测试中，出现了一些普通环境测试中没出现的故障。而且，我们注意到没有经过彻底清理的步枪放置过夜后，在移动零件表面残留物质的作用下，有一种冻结的趋势，所以一定要先震松。

只测试了几天，我们就进入了更为正式的项目。我们还没有进入测试时间表上最为严峻的部分。这时，一颗子弹从护手侧面窜了出来，就在枪手持枪处前面一点的位置。这自然令测试中止了。我们的冶金学家被叫过来调查枪管材料，调查发

▲更换后的消焰器。

▲ 修改过后的全钢枪管。

现，铝制外壳包裹下的钢制内衬套是416型合金不锈钢制成的。我们的专家表示这种不锈钢可能在水冷型枪械上有令人满意表现，但对需要在广泛的温度范围内暴露在空气中运作的气冷型枪管来说，416型不锈钢的横向强度不足。此外，为了方便切削加工，416型不锈钢硫含量比较高，这会助长裂缝的滋生和蔓延。他们同样发现，就硫脆这个问题而言，热处理能改善枪管的属性。我们以前就做过广泛的调查，用铬-钼-钒钢合金制成的军用枪管，能承受相当高的枪管温度而不开裂。和这种合金相比，不锈钢高温时的硬度属性差多了。

多切斯特先生从戴夫·马修森曾经在T44上做的工作中学到了一些东西，他找到戴夫寻求帮助。戴夫手上就有一些T44枪管的毛坯，于是他与斯通纳一起工作，为AR-10研发一款全钢枪管，要求和以前的复合枪管同样轻。他们在枪管上铣削出长条状的槽并加装肋条，以增强枪管的强度。戴夫让他的一些工人加班加点，仅用一个周末就制造了一些枪管。第二周周

一一早，多切斯特先生就带着装备新枪管的AR-10回到了兵工厂，以继续测试。测试之前，我们仔细检查了设计的每个细节，并从理论上对强度进行了计算。计算表示枪管强度足够，可以开火，于是测试继续。这次测试在没有出现更多严重事故

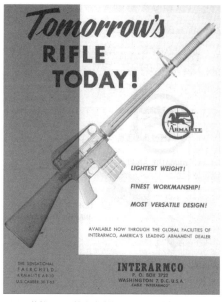

▲ 阿玛莱特AR-10的广告海报：今日的未来步枪。

的情况下完成了，只出现了一些小故障。五角大楼催促我们早日完成报告并交过去，于是1957年2月底报告完成后就送过去了。阿玛莱特的工程师们毫不掩饰地表露出他们的感受，觉得自己过早地进入了测试，还没来得及改正步枪的一些小错误。显然，仙童公司也知道军队马上就要选择一款新式步枪了，于是让阿玛莱特赶快提交AR-10给军队测试。报告本身也就是真实记录了我们遇到的各种各样的问题，并且指出以现在的情况来看，这款步枪想要作为军队服役的步枪还不能让人满意。

顺便一说，直率的约翰逊同时也是一个有说服力且多产的作家，写过一大批文章和一些批判性文章，当然也有对现代武器的大胆看法。1955年，他在军械局的杂志上写了一篇赞扬AR-10的文章。讽刺的是，这篇文章直到1957年5月—6月才被发表，那时都快要宣布采用T44为M14了；这和20年前，约翰逊发奋设计约翰逊M1941步枪来与M1加兰德竞争，但最后还是无果而终的情形简直如出一辙。

作为约翰逊的典型风格，他这篇鼓吹AR-10的文章以对（那个曾经拒绝他步枪的）军械局采购部近期政策的猛烈批评为开端，然后公开了AR-10枪机设计的来源。下面是他的文章节选：

在整整20年里，除少数例外，美国枪械工业鲜有创造性发明，而新概念与创新的首要责任本应该由军械局承担，枪械工业承担的主要任务应是改善生产技术与工艺。

在仙童引擎与飞机公司的6个分部中，有一个是位于加利福尼亚的阿玛莱特公司。它推出了一款使用7.62毫米NATO弹和20发弹匣，重7磅的自动步枪。

40英寸（101.6厘米）长的AR-10步枪使用一种前部闭锁，8突笋，22.5度闭锁旋转角（约翰逊样式）的回转闭锁枪机，导气式原理，能以最小的重量和体积，在枪机与枪管节套间获得最强的闭锁强度。和后端闭锁的T47、FN的T48以及M1-T20E2-T44相比，这个优势更加明显。

因此，仙童通过用铝来做机匣、枪身，追求轻量化的概念，是完全可行的。

有趣的是，AK系列突击步枪部分参照了M1加兰德的双突笋回转闭锁枪机，而AR系列枪械的多突笋枪机则源于约翰逊1941步枪——从某种意义上来讲，加兰德和约翰逊直到今天还在竞争。

总的来说，AR-10被拒绝的原因有两点：一是太晚，军队几乎就要在T44和T48中做出选择的时候它才进入竞标；第二是太新，很多东西在轻兵器领域都是头一个吃螃蟹的。此外，AR-10的整枪价格也是居高不下。

AR-10步枪在荷兰

约翰逊1941型步枪曾与荷兰有一段故事，由于德国1940年占领了低地国家，一个荷兰采购委员会迁移到了美国。他们和约翰逊自动武器公司签订了一份合同，购买14000支约翰逊M1941步枪和500挺轻机枪，来保卫尚在荷兰手中的东印度殖民地。珍珠港事件发生时，第一批的订单

▲ 荷兰制造的第二型，或是叫"过渡期"型AR-10步枪；注意经过重新设计的枪榴弹适配器和枪管，以及复合型的木质-冲压金属前护手。过渡型安装的枪管并不是浮置式的，扳机护圈进行了改善，增加了一根扳机簧。快慢机杠杆改为朝前时为保险模式，缓冲器也得到了重新设计。装满弹匣时，整枪重4.59千克磅。在1960年11月位于阿伯丁地面试验场的一次下雨模拟测试中，三把该型号的步枪（编号为004219、004412和004534）发射了许多T104E1 .30口径弹药。试验中发生了三次弹药故障，其中一次弹药被吹飞，损坏了抽壳钩与击针。

▲ 荷兰AR-10还能使用双脚架和瞄准镜，瞄准镜规格为3×25，由代尔夫特光学公司制造，前部可调风偏，后部可调高度。

▲ 事实上，荷兰AR-10能使用的两脚架不止一种，还有一种带孔两脚架。

已经交付了一些，然而战争开始后，美国政府暂时封锁了所有武器出口。这道禁令解除时，从苏门答腊到爪哇，飘扬的都是太阳旗了，哪还有什么荷兰部队在等待援助，但当时很多约翰逊步枪和轻机枪已经出厂，正等着装船起运。最后，这些根据约翰逊与荷兰签订的合同制造和即将制造的步枪被配发给了美国海军陆战队。

对于仙童公司来说，美军在1957年列装M14步枪不仅仅意味着希望破灭——之前在步兵局试验成功后，风头正劲的母公司为摇摇欲坠的AR-10项目投了比原预算更多的钱。巧合的是，这件事发生时，

仙童正好在和好莱坞的福克飞机集团进行一项1956年就开始了的谈判，内容是关于一款荷兰设计的飞机在美国的生产执照。仙童的总裁鲍特尔了解到，尽管荷兰军队从1954年就开始测试FAL和其他武器，但还没有定下新的制式步枪；于是，AR-10立刻就被推荐给了荷兰人，进入了研讨阶段。结果就是1957年，坐落于阿姆斯特朗附近小镇赞丹的历史悠久的荷兰火炮设备兵工厂，获得了在全球范围内制造AR-10的权利。但是，这个项目是否可行，在很大程度上取决于荷兰军方最后会不会保证接受阿玛莱特AR-10步枪。当时回到欧洲的雅克·米肖尔特（Jacques Michault）回忆道：

大部分欧洲国家都已经制造了使用7.62毫米北约弹的原型枪，但荷兰还没有。荷兰兵工厂的主管汉斯·琼格林（Hans Jungeling）与阿玛莱特公司进行了谈判，准备在荷兰制造AR-10步枪。这可以说是AR-10步枪的一次突破，因为琼格林曾

经说过荷兰军队将会采用他们国家生产的AR-10步枪。

　　火炮设备兵工厂投资了250万美元来引进AR-10步枪的生产线。为了生产步枪枪管，还安装了由奥地利开发的世界上第一种垂直冷锻机器。

　　AR-10的复合枪管其实源自阿玛莱特的创始人乔治·沙利文，他当时抱着开发超轻武器的想法，搞出了自己的栓动式伞兵狙击枪（para-sniper rifle），也就是后来的AR-1，该枪就采用了这种钢铝复合枪管。在托潘加峡谷射击场，乔治·沙利文偶遇了尤金·斯通纳，以此为契机，斯通纳加入了阿玛莱特。虽说是AR-10的总设计师，但实际上，斯通纳并不赞同使用复合枪管。由于在春田兵工厂测试时发生了枪管炸膛事故，阿玛莱特抛弃了所有关于军用复合枪管的后续试验。最终改进版的美国造AR-10第四型原型枪，使用的是一种传统的钢枪管，并在护手上开槽，以在获得最大强度的同时减轻重量。这时，阿玛莱特新雇用了一位名叫詹姆

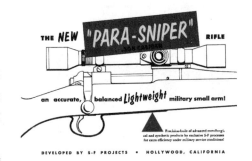

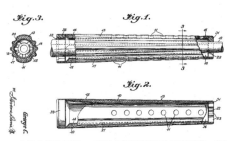

▲（仅上图）乔治·沙利文设计的护手专利图纸，和AR-10最后的样式已经很接近了。

◄ AR-10使用枪榴弹，射手就是尤金·斯通纳本人。

▼ 荷兰人试验的一种卡宾型AR-10步枪，注意枪管上的刺刀卡笋。

斯·沙利文（James Sullivan，和前文的乔治·沙利文没有关系）的工程师，他完成了AR-10最后批量生产型的图纸。带着对商业制造的兴趣，詹姆斯·沙利文重新设计了斯通纳最初的导气系统，将导气管从侧面移到了我们现在所熟悉的枪管上方。同时增加了一个与之配套的，名为"枪机框键"（bolt carrier key）的零件。

在火炮设备兵工厂，把英制单位的阿玛莱特图纸转换为公制单位这个任务比想象中难得多，该厂不得不让其员工多次前往好莱坞与阿玛莱特的工程师沟通。另外，荷兰军队规定他们的新步枪要有发射枪榴弹的能力，这需要枪管口外径达到22毫米。于是，就出现了一种"锡罐"枪口

制退器/消焰器，在可发射枪榴弹的同时，使轻量化的AR-10全自动发射7.62毫米NATO弹时仍有可控性。

正如前文所述，火炮设备兵工厂获得了制造执照，但没有销售执照。仙童对这个新项目是如此自信，以至于他们把世界分成了4个地区来准备销售荷兰制造的AR-10。美国市场已经被仙童自己预定了，西欧和北非的专有销售权则被授予西德蒙国际公司。

仙童的主席理查德·鲍特尔（Richard Boutelle）在他位于马里兰州黑格斯敦附近的那家装饰华美的农场里进行过一次聚会，国际武器公司（Interarms，位于弗吉尼亚州的亚历山大）的主席萨姆·卡门

也参加了。聚会的整个下午都在演示AR-10，该枪的表现深深地吸引了萨姆·卡门。和自己收藏的FG42比较后，AR-10原型枪给卡门留下了深刻印象，他认为AR-10是他见过的此类枪械中最先进的。因此，国际武器公司签订合同以获得AR-10在所有南美国家、撒哈拉以南国家以及斯堪的纳维亚半岛国家的销售权。当时刚刚独立的东南亚国家也迫切需要武器用于国防，在这些国家的销售权被授予位于巴尔的摩的库伯-麦克唐纳公司。

现实的残酷打击

既然已经有了生产基地，阿玛莱特便迫不及待地拿出AR-10进行全球性的推销性展示。正如预期的那样，人们很快就对其产生了兴趣，都想看看阿玛莱特公司吹嘘的"最先进、最好用的抵肩射击轻兵器"到底是什么样。但不幸的是，这个项目一直被各种意外所困扰。这些事故或许是各种无辜的失误与生产过程中的"成长之痛"的综合结果，公司对残酷竞争也没有彻底的认识，更不用说国际军火大公司为了赚钱，向来都喜

◀▼ 使用背负式弹药箱的弹链供弹AR-10轻机枪，注意改装过后的弹链受弹口。

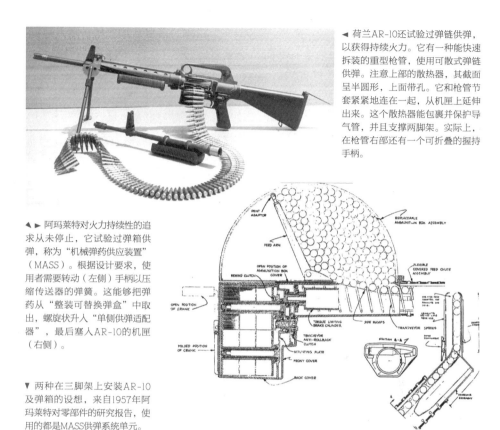

◄ 荷兰AR-10还试验过弹链供弹，以获得持续火力。它有一种能快速拆装的重型枪管，使用可散式弹链供弹。注意上部的散热器，其截面呈半圆形，上面带孔。它和枪管节套紧紧地连在一起，从机匣上延伸出来。这个散热器能包裹并保护导气管，并且支撑两脚架。实际上，在枪管右部还有一个可折叠的握持手柄。

◄► 阿玛莱特对火力持续性的追求从未停止，它试验过弹箱供弹，称为"机械弹药供应装置"（MASS）。根据设计要求，使用者需要转动（左侧）手柄以压缩传送器的弹簧。这能够把弹药从"整装可替换弹盒"中取出，螺旋状升入"单侧供弹适配器"，最后塞入AR-10的机匣（右侧）。

▼ 两种在三脚架上安装AR-10及弹箱的设想，来自1957年阿玛莱特对零部件的研究报告，使用的都是MASS供弹系统单元。

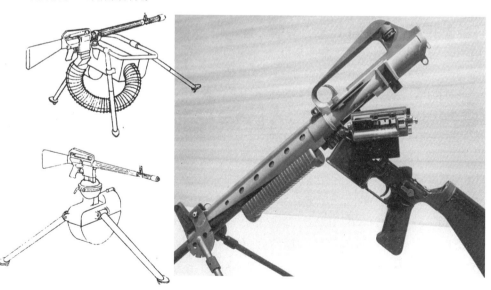

欢使用各种不干净的手段。

一个例子可以很好地概括第一种问题。火炮设备兵工厂的米肖尔特回忆道，购买奥地利冷锻机的计划被取消，导致第一批出产的枪管，其规格的精准度比较低，这个问题被发现之后，所有步枪都要被召回，以检查枪管是否能够承受要求的压强。

对于初出茅庐的AR-10步枪来说，第二类问题更是无法被忽视。在一个国家采用新制式步枪的过程中，总是伴随着多方面的政治因素，以及各种幕后黑手；一旦武器有了什么问题，他们就会竭尽所能地放大这些缺点，甚至捏造缺点，来为己方谋求政治权益。在AR15的故事中，这个问题更是变本加厉。类似的事情在兵器发展史上屡见不鲜，有时会让当时最好的武器遭到埋没，下面的故事也能反映出这种问题的冰山一角。

折戟南非——最后的"北约"型

1959—1960年的冬季，南非共和国政府主持了对世界上6种最新的北约口径选射步枪的测试，包括各种试射项目。接受测试的武器包括：CETME（西班牙继承德国二战末期半自由滚柱闭锁原理设计的武器）；CETME的新德国"表弟"G3；丹麦麦德森轻型自动步枪（采用卡拉什尼科夫的设计）；比利时国营赫斯塔尔兵工厂的FN FAL；瑞士SIG 57型突击步枪；特地为此测试而设计的荷兰造AR-10的改进版，后来被称为"北约"型。

南非政府在日益加紧的国际制裁下仍坚持自己的种族政策，他们所寻找的不外乎是能完全自主生产的、最现代化的步枪。因此，在冬季进行进一步测试的同时，南非政府准备当场就订下25000支步枪的合同，合同还会要求得到数量数倍于该订单的生产执照，以便在南非国有ARMSCOR兵工厂自行生产步枪。

最后，强悍的比利时列日市赫斯塔尔国家兵工厂在1960年南非竞标中获胜，当然，很少有人会对这个结果感到惊奇。在那时，FAL步枪已经进行了5年的高质量生产，可以称得上是个老兵了。除了1957年美国采用M14（这件事同样也是"政治因素"的典型案例），FN FAL及其以英制单位或公制单位制造的变形枪，可以称得上是无懈可击的成功。"自由世界"的绝大多数国家都在其军队的现代化进程中迅速采用了FAL。相比之下，其他参加南非"北约"步枪测试的武器其实都还停留在原型枪阶段。有趣的是，AR-10已经进入并完成了第二轮综合测试，只是输给了工程制造方面更加成熟的FAL。

荷兰人拒绝了AR-10

AR-10进入了南非步枪竞标的第二轮测试，这与其说是一个壮举，倒不如说是一种安慰和恭维。但另一方面，FN公司从测试结果中得到了令人满意的成绩单，而且看到了一种趋势，它已经有能力在未来承包所有尚未定夺的武器购买计划了。在FN如此令人侧目的成绩面前，也确实很少

▲ 20世纪60年代，装备AR-10的葡萄牙伞兵从法制"云雀"Ⅲ直升机上进行机降。

◀ 使用FAL的荷兰士兵。

有防务部门会去想是否会有更好的步枪。米肖尔特先生继续回忆道：

与此同时，荷兰军方和火炮设备兵工厂主任汉斯·琼格林仍在继续测试，并确认荷兰人会采用AR-10。但是，当时的荷兰国防部部长和琼格林私人关系不好，他秘密地和比利时赫斯塔尔国家兵工厂达成了一项协议。结果公布时，简直就像一颗重磅炸弹：荷兰军队会采用FAL步枪。

采用FAL的公告公布几个月后，火炮设备兵工厂停止了AR-10的生产，最终产量还不到6000支。在美国这边，AR-10也因为和使用传统枪管的步枪（如M14）相比没有重量优势而折戟沉沙。1960年续签合同的机会再次出现时，仙童公司停止了和火炮设备兵工厂的合作。顺便一说，为了增加枪榴弹发射的安全性，火炮设备兵工厂后期使用的枪管不再开槽，因此也更重，这种AR-10插入满弹匣时全重达到

了4.59千克。

不过，AR-10此前并不是完全没有军方订单，苏丹曾购买了1500—1800支AR-10步枪，从1958年开始生产；葡萄牙也购买了4000支，从1960年开始生产。

葡萄牙购买的AR-10以半护手的NATO型为基础，应用了镀铬弹膛、更坚固的抽壳钩、简化的气体调节器等小改进。这些步枪装备空军的空降猎兵（Ca. adores páraquedistas，不是德国的Fallschirmjäger）和其他一些特种部队；其中一些装有3倍或3.6倍瞄准具，发配给指定的狙击手，1961—1974年的殖民地平叛战争中，这款步枪被大量使用。当时，葡萄牙发现自己在安哥拉、葡属几内亚以及莫桑比克和三股起义军同时交战，兵力严重不足。10年间，这款步枪在战争中经历了各种最恶劣的环境，陪伴伞兵完成了无数次机降、空中突袭，证明了自己

◄ 使用AR-10步
枪的葡萄牙空降
猎兵。

▲ ◄（上两图）苏丹AR-10
步枪，其刺刀比较特别，上
面自带一些小工具。

► 德国人也少量采购过
AR-10步枪并进行过试验，
还有一个很正式的德国编
号：G4。

▶ 德国人测试AR-10
步枪时留下的弹壳。

的可靠性。葡萄牙部队很喜欢这款武器，然而AR-10步枪的数量只够装备4个伞兵营，其余两个营只能使用德国的G3步枪。

1963年，荷兰对葡萄牙实施武器禁运，后者无法再得到AR-10，于是自制了一些零部件，以维持步枪的服役。比如原厂生产的玻璃钢-泡沫护木破裂之后，葡萄牙人常用木质护手代替。AR-10在葡萄牙一直服役到1975年方才退役。

AR-16：另一种思路的尝试

阿玛莱特将导气系统专利卖给柯尔特后，斯通纳开始设计一款机匣更轻的新步枪。为了避免和专利冲突，他将枪机框的气孔焊死，把气吹导气换成了活塞式导气。AR-12只造了一支用于试验。

AR-12的进一步发展型便是AR-16。这款步枪研制于1959—1960年间，研发者是阿玛莱特的开发部门员工亚瑟·米勒。主设计师还是尤金·斯通纳。毫无悬念，弹药采用的还是7.62毫米NATO弹。AR-16的目的不再是替代M14，而是让处于危险境地的国家能快速武装他们的部队。在这个设计理念的指导下，重点被放在了如何使生产变得简单与经济，让新诞生的国家能用以前生产农业器具和办公用品的机器来生产自动步枪。

AR-16步枪大量使用冲压钢板制件，尽量通过自动上螺丝进行组装，这样可以把对铣床的需求降到最低。设计理念贯彻得如此成功，以至于只有枪机框、枪管、枪管节套和一对托架完全需要切削制造，只有枪机、抽壳钩和消焰器需要精加工。这款步枪使用的是传统的活塞-活塞杆操

► AR-12试验
原型枪。

作，使用回转闭锁枪机和20发容量弹匣，采用了双复进簧。

整枪长为1130毫米，枪管长508毫米。如果是卡宾型，整枪长度则为937毫米，枪托折叠后长685.8毫米；标准枪重3.97千克，射速约为每分钟650发，可以选择全自动或半自动射击。这款步枪外形美观，从各方面来看销售前景都不会差，但此时，潜在用户的订单基本都被FAL抢走了；而且随着5.56毫米步枪弹的出现，用户的兴趣都被这种小口径弹所吸引。阿玛莱特决心生产一种使用5.56毫米弹的版本，也就是后来的AR-18。还曾有一款AR-16的运动步枪型，但从未大量生产过。

▲ AR-16卡宾型。

▲ 标准型AR-16步枪。

结语

阿玛莱特AR-10是一款什么样的步枪呢？或许它确确实实是一支Tomorrow's Rifle Today（今日的未来步枪）。首先，尽管AR-10是一种被淘汰的先进步枪，但其后者——AR-15步枪将成功的无以复加，美国士兵后来也的确拿起了M16。再者，AR-10轻量化、使用新型复合材料的理念为后世突击步枪所广泛继承，由此可见，该枪的确是当时最先进的战斗步枪。总而言之，阿玛莱特AR-10步枪是一个失败者，但它开创的AR枪族是当之无愧的成功者！

▲ 标准型AR-16步枪。

SCHV
最成功的失败项目

SCHV的"史前时代"

  SCHV是"Small Caliber High Velocity"（小口径高速弹）的缩写，具体的例子有不少，现在著名的5.45×39毫米7N6弹、5.56×45毫米M855弹、5.8×42毫米DBP95弹都属于这一范畴。显然，SCHV已经风行全球了。不仅五大常任理事国的军队早已使用这种弹药，就连朝鲜、伊朗这类第三世界国家也在换装SCHV步枪。不过，其起源与早期发展并

不像后来那样一帆风顺。

  SCHV弹历史悠久，甚至可以追溯到19世纪。1882年，梅纳德武器公司推出了.22-10-45梅纳德弹，这或许是最早的中心发火.22口径步枪弹（不过未必算得上是高速）。20世纪90年代，出现了若干试验弹，比如瑞士教授威廉·黑波尔发明的一种5.3×64毫米弹药，以及另外一种5.5×50毫米R弹药。不过最奇特的当属墨西哥的5.2×68毫米弹；这种弹由瑞士的鲁

▲ .220 Swift弹。

▲ .22-l0-45梅纳德弹。

宾上校发明，有一个内置活塞，因此整个弹壳被拉得很长（也使膛压较为平缓）。这种子弹装备墨西哥的蒙德拉贡M1984步枪，不过后来有了更好的发射药，所以不再需要使用这种特殊结构；此外，弹内的活塞有时会破裂并堵塞弹膛，所以这种弹被淘汰了。

进入20世纪以后，美国民用市场上出现了形形色色的.22口径弹药（包括美国民间枪支爱好者自制的各种野猫弹），其中的典型代表是1935年温彻斯特公司推出的.220 Swift（高速）弹。这种弹引起了人们广泛的关注，《美国步枪手》杂志当时发布了很多文章来讨论这种子弹。实际上，春田兵工厂1936年就发布了对该弹的测试报告《对温彻斯特连珠枪公司制造的.220口径"快速"步枪及弹药的测试》，这大概就是美国军方对SCHV弹药最早的测试了。

时间跳跃到朝鲜战争，1951年10月27日，142页的《朝鲜战争中步兵行动和武器使用评论》出炉了。它鲜明地指出了美国自二战末期以来就没有改变的班组武器及其配置所存在的问题，尤其是M1/M2卡宾枪停止作用严重不足的问题。下面摘录片段：

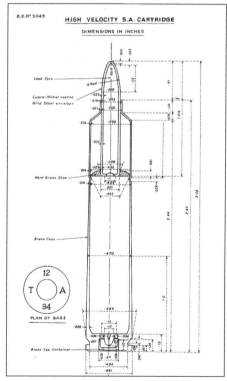

▲ 造型、结构奇特的墨西哥5.2×68毫米弹图纸，虽然和现在的SCHV弹相差很远，但确实符合小口径和高速这两个特性。

卡宾枪几乎没有50码（45.7米）以外的精度数据。记录包含了一些在50码或可能更近一些距离下射击敌军的例子，但数量是如此之少，以至于不能据此做出总体归纳。卡宾枪射击被证明有杀伤效果的事例中，目标倒在50码以内的情况有约95%。

朝鲜战争中，徒手搏斗的情况十分常见，所以有一定机会证明卡宾弹在近距离使用时停止作用如何。

除了普遍的抱怨，还有一些不可思议的评论。在大约50次步兵行动中，一共有7名目击者称，他们确实击中了对手身体的重要部分，但敌人继续前进。其中一个目击者是海军陆战队第1团的约瑟夫·R.费希尔中尉，他被陆战1师看作是全师最能干、最客观的连长之一。费希尔中尉说此事发生在下碣隅里防御战中：

我们约有30%的卡宾枪带来了麻烦，有些根本没法开火，其他的卡宾枪运作也非常迟缓，但是我们的人对卡宾枪失去信心的主要原因是，有时在25码（22.86米）的距离上把一发卡宾弹打入中国志愿军的胸膛中，但志愿军没有停下来。我也遇到过这种情况，子弹正中，敌人只是退缩了一下就继续冲过来。我手下约有半打人发出过同样的抱怨，他们中有些发誓已经打了3—4发，每发都击中敌人，却仍然不能使敌人停下。

这让美国研究弹药的专家看清了现状，也推动了寻找新弹的进程。1952年3月，BRL（Ballistics Research Laboratories，弹道研究实验室）发布

▲ 20世纪50年代初使用M2卡宾的士兵，旁边是M1919A6轻机枪。

了工程师唐纳德·L.霍尔所著的那篇著名报告——《步兵步枪有效性研究》（An Effectiveness Study of the Infantry Rifle）。在这份报告中，他除了引用.220步枪的试验数据，还对各种口径及不同装药量的弹药进行了理论性试验，提出装备更小口径、更高速的弹药会比使用M1步枪更有效。至此，美国人在弹药研究方面翻开了崭新的一页。

阿伯丁.22口径版M2卡宾枪

正如前文所述，对.220高速弹的射击测试事实上已经证明了霍尔的理论：小口径高速弹（SCHV）概念行之有效。这些测试是在阿伯丁的轻兵器与航空武器部门由工程师威廉·C.戴维斯以及部门主管G.A.古斯塔夫森一起进行的。虽然这些弹道专家都对他们得到的结果印象深刻，但不是所有人都认为这些测试的努力值得一提。作为所有轻兵器研发部门的主要仲裁

▲ .22古斯塔夫森卡宾，由通用动力公司内陆部门从一支标准M2卡宾改装而来，原先的15发弹匣只能装入10发缩短的.222雷明顿弹。注意18英寸枪管枪口安装的枪口制退器。

▲ .22卡宾弹。

者，斯塔德勒上校只允许BRL购买200发必要的与M2弹"同源的"弹药。这种意味很明显：现在手头最紧要的任务是尽快开发.30口径的轻型步枪。另外，使用"剩余资金"赞助的优先度次一级的工程，从根本上讲必然是周期长得多的项目。至少可以这样说，将.220"同源"子弹与.30 M2弹进一步对比的试验（这可能证明SCHV比.30弹更加优秀）是不受欢迎的。

阿伯丁那些人一直相信SCHV的"人枪配合效益"更高，这样的消息当然令他们感到沮丧。事实上，从纸面上来说，作战研究办公室（operations research office，ORO）未来的有规则散布齐射武器概念才把单兵手持武器的效率推向了一个新的巅峰。按照齐射计划的规划，他们会进行一次历时长久的发展（事实上也确实是这么做的）。尽管只有200发弹药，但SCHV步枪已经进行了一次测试，并证明其有效性优势并非空谈。仅仅因为M1步

枪及其后继者有"政治因素"护身，就放弃发展SCHV概念，这样的做法实在是令人感到惭愧。

乔治·马歇尔只对一件朝鲜战争时期的美国武器抱以苛词——.30口径（7.62×33毫米）M2卡宾枪。确实，报告用苦涩的语气记录该枪在寒冷环境下不断地卡壳，且发射的子弹没有能力放倒迎面而来的敌人。但这份报告又给当时充斥军中的M1步枪拥护者打了一剂强心针。因此从政治上说，"Carbine"这个词也被染上了污点。

在霍尔的研究报告中，因为缺少可用的弹道创伤学数据，并没有将卡宾弹计算在内。他只是模糊地说该弹的杀伤力在274米的距离上大约只有M1步枪的一半。霍尔总结道：

……在极近距离，卡宾弹的整体效果还是很好的，但随着距离的增加，效果迅速变差。因此，在274米开外，它是参加测试的武器中效果最差的。

古斯塔夫森先生把卡宾枪遭受怀疑的原因归于在所有的对比测试中，都没有对M1步枪加以限制。事实上，.30口径轻型步枪项目被吹捧的一个原因，就是它要一次性替换掉M1步枪、BAR自动步枪、M3A1冲锋枪以及卡宾枪。因此，谁又会拒绝一个提高卡宾枪差劲效果的合理尝试呢？

古斯塔夫森几乎是一个人，花了整整17个月才完成研究并撰写报告，并于1953年9月29日将其发布。这是一篇非常有趣的文章（全文见151—154页）。

设计并制造一款.22口径高速弹，改装一支标准M2卡宾枪来发射这种弹药，并对武器-弹药结合系统进行评价

目的：

项目的目的是通过采用一种小口径高速弹，来全面提升M2卡宾在半自动和全自动情况下的效能。

讨论：

1952年4月，发展与保障勤务中心的指导员T.F.考勒然先生，以及阿伯丁地面试验场武器与弹药分支的主管J.D.阿米蒂奇口头上通过了一项计划。这项计划由轻兵器与航空武器部门开展，试图调查小口径高速弹在步枪和卡宾上运用时的优点。军械局办公室主任R.R.斯塔德勒上校也口头上同意进行初步调查，因为他也知道若弹药在早期测试中表现良好，这个项目将会由他的办公室接管[1]。

为了获得合适的枪管坯件，并制造能承受高速弹膛压枪管的铰刀，整个项目推延了相当长的时间。尽管因为优先度低，只能使用剩余时间与资金，但在1952年11月，"最大弹药"与"最小弹药"的草图还是完成了，并在轻兵器部军械车间开始制造。

在最近的朝鲜战争中，.30口径卡宾枪在战斗中被认为是糟糕的武器，这可能是因为它在战术上被当成步枪运用，而不是手枪的替代品；或许这种普遍的错误运用反映出一种对卡宾型武器的现实战斗需求。战地报告显示，现有的卡宾枪性能差劲，精度与停止作用都不能让人满意。

在这种情况下，我们希望能够消除士兵对卡宾的抱怨，简要来说，就是通过制造一种高速弹，获得平坦的弹道曲线，在274米的距离上对人形靶也有很高的命中概率。之前对于私人拥有的小口径高速弹轻型运动步枪的测试显示，由于弹道曲线和精度优良，274米的有效射程标准很容易达到，且终点效应比现有的.30口径卡宾弹更好。

轻型自动卡宾枪自动射击时的散布声名狼藉。尽管初速很低，但相对较重的弹头还是导致其全自动射击时后坐力很大，不好控制。加装制退器只能稍微提升全自动射击时的稳定性，因为火药燃气的质量和弹头相比太小了。但使用轻型小口径高速弹的话，枪口动能和标准卡宾弹相同时，后坐动量则会可观地下降。而且，虽然为了提升初速使用了更多发射药，会引起更大的后坐力，但可通过安装枪口制退器来减小后坐与枪口跳动。

材料描述：

通过改造一支标准.30口径M2卡宾枪，到达了发射.22弹药的目的。改造的过程是对商业出售的.22枪管进行改膛，并把它安装固定到M2卡宾原枪管的位置。大家希望.22枪管的阳线口径为.219英寸，阴线之间为.224英寸，4条右旋的均匀膛线每16英寸（406.4毫

▲ 从左往右分别是：.22卡宾弹、.222高速弹和.224E2弹。

① 该项目正式通过是在1953年6月，见电报ORD 12153号。

米）旋转一圈，但是可用的枪管模块实际上比预想的要更"紧"一些。对于这款武器的其他改装还包括改造枪机面，以容纳更大的弹药底座，以及增强击锤弹簧的力度。枪口开了螺纹槽，可以装制退器，其设计意图是减小枪口上跳和侧向的运动。当然，作为制退器，它还能通过改变枪口气流来减小后坐力。为了测试这款改装卡宾枪远距离全自动射击时的精度特性，从勃朗宁自动步枪上拆下一个两脚架安装在这款卡宾上。由于.22口径弹药的直径更大，原来能装15发.30卡宾弹的弹匣现在只能装10发.22弹药。

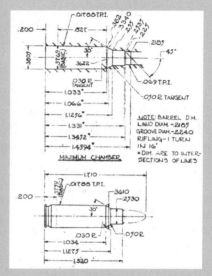

▲.22古斯塔夫森卡宾最大与最小弹药的图纸。

同时，也制作了用于制造.22口径卡宾弹的压模，与之配套的是商业型的手动装填冲压机。还买了其他工具，以进行下列操作：调整弹壳长度，扩大弹颈，在弹底装底火并灌注发射药，装上弹头。因为可用的商业版本弹头没有开槽，所以也没有制造压接模具。制造的承压枪管被安装在通用机匣上，而给予（子弹）初速的曼式主枪管这样制造：将一个商业.22枪管模组安装在春田M1903步枪的机构上，再把整支枪管取出，在法兰克福兵工厂的机床上倒置固定，安装一个V型凹槽。

改膛铰刀、弹药装填压模、武器验证设施和最后的测试卡宾枪，均在轻兵器及航空武器部门的枪械工厂完成。子弹是在商业型.222雷明顿弹的基础上改造弹壳而成。所有的弹药组装工作都在轻兵器及航空武器部门的装填室完成。

实验步骤：

……所有速度的测量都由一个装有光电传感器的电子计时器完成。

最大膛压由一个传统的带铜柱辐射状压力机测得。

弹道数据是从28.5英尺（8.69米）和78.5英尺（23.9米）的管状发射器中发射，并通过两个距离枪口分别为580英尺（176.8米）和620英尺（189米）的电路屏来测得。

测量各种发射药的速度-压强关系特征时，每平方厘米2.95吨被选定为最大压强，这也被认为是现有卡宾枪机械构造所能安全承受的最大平均压强。测试人员希望在此限制下获得子弹最大速度的数据。

测试项目方面，这款卡宾用的是M1步枪的测试项目，而不是卡宾的测试项目——即用A靶标进行B项目。因为初期对于精度和弹道的测试显示，这款.22卡宾能轻易通过卡宾枪的测试。

同时还制造了一部分穿甲弹头，这些弹头是在商业型弹头中插入一个硬化钢芯制成的。

观察记录：

目标是在最大平均膛压不超过每平方厘米2.95吨的情况下，枪口初速至少达到每秒914.4米。这个目标顺利完成了，虽然仅仅超过了一点。

测试中作比较的是未经挑选的量产.30口径弹药，.22口径弹药的平均散布在100码（91.5米）外只有其28%，在300码（274米）外只有其52%。和标准的.30卡宾相比，.22弹药/武器组合系统在300码之内的散布特征要优秀得多，因此命中概率提升了。

▲.22古斯塔夫森卡宾枪口制退器近照。

就.30卡宾弹和.45弹药而言，.22弹药在300码的最大纵向下落距离分别是他们的48%和16%。.22弹药弹道曲线相当平坦，这使得估计距离产生的误差相对而言不那么重要，甚至可以说在300码内不需要调整照门，这些都使其在战场条件下命中人型目标的概率更大。因为测试卡宾枪的标准照门被设置在250码（228.6米）的距离上命中目标，所以弹道曲线的最高点比瞄准线高了约5英寸（12.7厘米）；在300码的距离上，落点则会比瞄准线低7英寸（17.78厘米）。而使用相同照门的标准卡宾枪，（弹道曲线）最高点比瞄准线高了12英寸（30.48厘米），300码外的落点比瞄准线低了15英寸（38.1厘米）。

.22卡宾弹在300码距离上的剩余能量只有222焦耳（相当于.30卡宾弹的59%）；广泛使用的碎片杀伤标准是每磅40英尺（每千克26.9米）。初步的弹道杀伤学显示，能量相同时，小口径高速弹可能比那些更重、口径更大的弹头"杀伤力"更好；这或许是因为在速度更高、质量更小的情况下，传递能量的速度会更快。这种现象有很大的考察价值，之后在陆军化学中心的生物物理实验室进行了进一步探索。

尽管在试验中使用的是商业型的软铅头弹头，.22弹头的侵彻力表现还是大大优于.30口径卡宾弹弹头，对软金属板和硬金属板均是如此。对付防弹衣和头盔时，两种弹药的表现近似。

进程B和M1步枪的对比射击实验中，.22口径卡宾得分更高，这表明测试的武器/弹药结合系统有能力在300码内投送出有效的火力。事实上，卡宾枪全重约为M1步枪的60%，而且每发弹药重量只有.30弹的35%。考虑到每个步枪兵能够携带的弹药数，测试版卡宾的这个性质很重要，尤其是在地形恶劣的情况下。

.22卡宾枪的后坐力很小，尤其是在装配枪口制退器的情况下。这使得全自动射击时，该枪比.30卡宾和.45口径冲锋枪更容易控制。.22卡宾枪5发点射时（带两脚架），200码（183米）和300码距离上的平均散布是20英寸（50.8厘米）和38英寸（96.52厘米）。数据显示，和.30卡宾

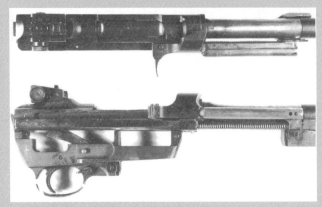

▲ 古斯塔夫森卡宾枪枪机的上视和侧视画面，去除了选择开火装置（快慢机），注意轻量化了的操控斜面。

在相同条件下的射击结果相比，这个表现已经好太多了。之前关于传统武器的测试显示，测量在这些距离上5发点射的数据甚至需要一个非常大的靶子。虽然从技术立场上看，测试点射有效性已经在项目范围之外了，但这项测试表明，在这个时代，.22武器/弹药结合系统的点射散布性能比国外或试验中的其他抵肩武器都要好得多。

测试中总共发射了1900发子弹，在此期间武器运作良好。.22卡宾枪只发生了3次弹药阻塞，这些无疑是商业型弹头的铅被刮下来所致。这次试验没能使用带曲沟槽的弹头，但应该设计这种弹头；这样，弹壳就能弯曲卡入沟槽，使组合好的子弹能够承受一定外力，也就能阻止武器发生弹头意外分离的事故。

在.224曼恩卡宾枪管上一共测试了4种不同的系列数据，每次测试20发。结果如下：

弹头	弹头重量（格令/克）	发射药	发射药重量（格令/克）	78英寸（50.8毫米）处的均速（米/秒）
WRA完整型	35/2.27	IMR 4227	15.8/1.024	917.8
西斯克	41/2.66	IMR 4198	17.5/1.134	826
西斯克	41/2.66	IMR 4227	14.3/0.927	820.8
西斯克	41/2.66	IMR 4198和IMR 4227	16和2/1.037和0.13	871.3

结论是：

M2卡宾被改到使用.22口径，41格令弹头时，枪口初速能超过每秒3000英尺（每秒914.4米），且表现优秀。

与.30M2卡宾相比，.22口径卡宾枪在速度、弹道、侵彻力，半自动以及全自动射击精度方面的表现都优秀得多。

在任何距离上，.22弹头的撞击动能都要低于.30卡宾弹头。但是，至少在400码（366米）内，.22弹头的剩余能量已经满足现有的杀伤标准。

相当优秀的点射散布表现，武器的轻量化，在近距离下较高的撞击动能，都使得.22卡宾枪值得作为.45口径冲锋枪的替代品来研究。

和M1步枪相比，.22卡宾枪在300码内对普通目标的效果良好。

建议：

据记录，在阿伯丁试验场，一同生产并测试了5支卡宾枪和20000发弹药。陆军第3战地部队局也参加了测试，来考察这种形式的弹药和现在服役的卡宾、步枪、冲锋枪弹药比，是否有军用优势。

SCHV:从概念到现实

另一方面，美国陆军决定与仙童分享SALVO（齐射计划）I期地面试验的成果，其中就包括在1956年夏天一起接受测试的双头弹和三头弹的最终版本，以及箭簇弹和两款SCHV概念武器。这两款SCHV武器是：古斯塔夫森.22卡宾枪，发射2.66克重的弹头，初速为每秒952.5米；还有一支改装的T48步枪，子弹弹壳由.30轻型步枪弹壳截短而来，弹头重4.4克，初速为每秒1036.3米。后者的弹头是1954年古斯塔夫森和戴维斯在阿伯丁设计的，目的是迎合最佳军用.22口径弹药的要求。在齐射计划阶段，试验用的弹头由加利福尼亚惠蒂尔的塞拉弹药公司按照阿伯丁的图纸生产，特殊的弹壳由奥林的温彻斯特/西方分部制造。

威廉·戴维斯曾经参加过小口径弹（即5.56×45毫米弹的原型）的研发工作，他从一开始就拒绝承认4.4克.22口径塞拉弹头是什么新发明：

那种68格令（约合4.4克）的弹头很难说是一种"新设计"，应该说只是一种和.30 M1弹同源的.22口径弹药。它由陆军

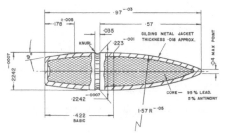

▲ 68格令塞拉弹头图纸，该弹由阿伯丁试验场设计于1954年。

军械局开发于20世纪20年代，用于试验机枪远程射击。

对于古斯塔夫森和戴维斯来说，有一点是很明显的，41格令（2.66克）的.22卡宾弹"太小了"，而将.30轻型步枪弹弹壳截短得到的68格令塞拉弹又"太大了"：

我们在1955年的某时起草了一封信送给军械局主席办公室，建议采用一种.22口径弹药。其弹头有船尾，约重55格令（3.56克），枪口初速约为每秒3300英尺（每秒1003.2米），如此一来，就可以制造一种比T44/M14轻得多的步枪配合这种弹药。我们也建议阿伯丁设计这类弹药，并制造一款试验自动步枪来发射它。当然，这样的项目可能需要一年的基金资助，可能总共会花掉60000美元……

按照长久以来的传统，负责美国轻兵器武器弹药研发工作的专家和工作人员被分到3个基本军械部门：负责工程设计和实际武器制造的春田兵工厂，负责弹药工程设计和制造的法兰克福兵工厂，负责工程测试和弹药武器评估的阿伯丁开发和验证服务中心。明确这一点后，我们接着来看戴维斯先生的回忆：

我们不经意间认识到，这个建议实际上和美国官方派发给各部门的任务不怎么搭得上关系，还冒犯了法兰克福兵工厂和春田兵工厂……但是，我们在.22卡宾弹上的探索性工作倒是赢得了一些赞许，我们也希望高层对这种夹缝中的工作能继续持默许态度。还是在1955年，我们的信被打上"CONFIDENTIAL"（机密）的记号，

送到了阿伯丁发展和验证服务中心当时的主管T.F.考勒然先生手中，等待他签字。

斯塔德勒上校1953年退休之前，弗雷德里克·H.科恩博士曾经为他做过几年的文职工作主管。比尔·戴维斯这么形容斯塔德勒上校："首先，他在政策事务方面是个尽善尽美的实用主义者；他打心底里真诚地相信，一个有价值的目标带来的成果，能为达到这个目标所需的所有要求做辩解。"至于科恩博士，他在"其领域内是一个杰出的专家，但也就算是个斯塔德勒上校的门生，对于政策上的观点实际上和斯塔德勒上校如出一辙"。

科恩博士后来以"M14之父"而闻名，自然坚定地拥护OCO赞助的T44轻型步枪及其全威力步枪弹（即7.62毫米NATO弹）。他认识到了"鲁莽大胆"的SCHV概念对他婴儿般的M14采购项目的威胁，尽其所能来破坏和消除官方对SCHV的考虑。这样一来，阿伯丁继续向SCHV投入基金的机密要求自然没有收到半点回复。戴维斯先生回忆道，他们被科恩博士口头告知，请求被否决了，因为建议开展的这些活动都不在阿伯丁的职责范围内，而且作为一个测试部门，D&PS（发展与验证中心）直接参与项目设计时，客观性可能会打折扣。

从阿伯丁到阿玛莱特：一条崎岖之路

1957年2月，仿佛是与即将采用M14的大背景作对一样，阿玛莱特母公司仙童的总管德弗斯去了一趟军械局首席办公室，为春田兵工厂刚刚结束的AR-10 1002号步枪试验添了把火。这次测试问题重重，结果惨不忍睹。德弗斯还要求并首次获得了官方简报，内容是齐射一期项目SCHV弹药的试验结果。

与此同时，CONARC的司令威拉德·G.怀曼（Willard G. Wyman）对阿玛莱特的概念印象深刻，他于1956年在门罗堡观看过AR-10原型枪的演示。在和尤金·斯通纳讨论时，怀曼将军解释道，步兵局收到之前SCHV报告的推荐之后，正迫切寻找一种在274米的距离上命中率出色的.22口径步枪。似乎是命运使然，阿伯丁那份被科恩博士否决的、要求资金并建议D&PS开发优秀的55格令.22弹头的信件，不知怎么地被怀曼将军搞到了。比尔·戴维斯写道："在制定给尤金·斯通纳的要求中，（这封信件）起到了一些很重要的作用……"

收到怀曼将军的推荐之后，步兵局提交了一份正式的要求，希望开发一种新的SCHV步枪。步兵局早已认为274米就是实用战斗距离，但他们感觉从政策上考虑，366米的要求更对CONARC的胃口。门罗堡的决策是457米的射程看起来更能胜任多面手的角色，这个数字早先就在五角大楼通过了。因此，最终"铸造成型"的要求是：一款重2.72千克，有选择射击能力的.22口径武器，传统枪托，弹匣容量20发或更多。

有意思的是，并没有指定使用何种弹

药。原因很简单，当时还不存在完全令人满意的弹药，能在457米之内有足够的能量击穿钢盔、防弹衣或3.43毫米厚的10号钢板，弹道与精度和M1步枪相同或者更好，杀伤力与.30卡宾枪弹相同或更好。

在阿玛莱特的新开始

阿玛莱特第一款小口径武器明显还是在回应最初的射程标准（274米），这是一支AR-5设计师创造出的短命产品，名叫"Stopette"。该枪使用传统的枪托，发射标准的商业型.222雷明顿弹。一些早期的试验表明，如果一款轻型武器使用向下倾斜、填充泡沫塑料的玻璃钢枪托，并且射速很快，那么枪口的上跳会让人无法接受。在AR-10项目中，公司已经在枪口上跳和枪械可控性方面学到了很多，以至于仙童决定制造一款外形类似AR-10、使用.222雷明顿弹的步枪。

在私人谈话中，尤金·斯通纳总是承认他最感兴趣的步枪还是7.62毫米NATO口径的。事实上，根据仙童的安排，斯通纳那时是在设计AR-16。正如前文所述，该枪意在让那些只能制造螺接件、只会焊接的欠发达国家能用普碳钢冲压件代替昂贵的铝合金锻造件，这样阿玛莱特公司可以通过授权生产的方式赚取利益。另外，斯通纳似乎并没有怎么看到.222雷明顿弹的军事潜能。因此，开发"减规格"AR-10的复杂任务落在了阿玛莱特当时招聘的两位工程师身上：罗伯特·弗里蒙特（Robert Fremont），斯通纳的首

席设计助手；以及L.詹姆斯·沙利文（L. James Sullivan）。后者最早参加的工作是AR-10把导气系统挪到枪管上方时，重新修订其制造图纸。

实际上，AR-10到AR-15的过程远不是"减规格"那么简单。一方面，没有一个合适的规格和尺度能同时衡量两者。若仅仅依据两种弹药的重量和大小等比例缩放武器，那么这款步枪和它用NATO弹的祖先相比，会轻巧到不可思议的程度；另一方面，两者的部分规格反而比较相近：最后完成版的M193 5.56毫米弹膛压实际上只比M80弹的平均膛压（3.52吨每平方厘米）高了0.14吨每平方厘米。

这款新步枪配用商业型.222雷明顿弹进行测试时，由于后坐机构和直枪托更重，射速也更慢一些，所以该枪上靶率很不错，令人印象深刻。斯通纳随后进行了好几次现场小测试，也和怀曼将军达成了一些商业协议。CONARC在5月6号要求陆军副官部购买10支阿玛莱特新型步枪来满足步兵局的测试需求，要知道，此时距离宣布采用M14仅过了5天。

尽管AR-10在美国下一代步枪的竞争中败下阵来，但仙童仍希望与荷兰火炮设备兵工厂合作，制造一款享誉全球的优秀武器。于是，阿玛莱特的注意力转向了.222口径步枪，很快就研制出后来的AR-15。这个具有创世纪意义的关键项目要求明确合理，弹药选择自由度高，和军械局自己搞的既笨重又死板的.30口径轻型步枪项目（M14）相比，简直就是模范标

杆。当然，两种开发方式都有自己固有的优点和缺点，只有时间才会告诉我们最后的胜利者是谁。

怀曼将军的要求被通过了，军械局主席还接到指示，购买10支阿玛莱特.222口径步枪和10万发弹药。实际上，最后阿玛莱特一共制造了17支这样的步枪。工程师弗里蒙特和沙利文在阿玛莱特生产第一批AR-15之前就对其进行了进一步改装。利用.222弹弹道平直的优势，AR-15可以在铝制上机匣的提把尾部安装一个更便宜的两点式L形翻转照门，这个照门仍可以调整风偏，但没有了AR-10的密位高度调整轮，高度调整通过前部一个带螺纹准星完成。这款步枪全长为952.5毫米，被护手包裹的钢制枪管长508毫米；弹匣装填20发

弹时全枪总重为2.72千克（装满25发弹药时总重2.78千克）；直枪托和圆柱体整体化护手是用玻璃钢制造的简单中空结构，而不是最初的沙利文/米歇尔填充泡沫塑料式部件，后来护手中还加装了一块很薄的铝制隔热罩。

另一个改进就显得重要得多。由于步兵局突然提高了标准，要求子弹在274—457米的距离上具备更强的穿透力和更加平直的弹道，阿玛莱特被迫改装.222雷明顿弹。尤金·斯通纳手写的关于这些早期事件的历史总结中，这样描述那段过程：

1957年我去了一趟本宁堡，以了解军用武器需要的属性，此后.223弹的发展历程算是由我展开了。我计算了一下所需的弹头重量和枪口初速，之后设计了弹头，并

▲ AR-15 000001号步枪。

让加利福尼亚惠蒂尔的塞拉弹药公司生产了这种弹头。这种弹头是船尾设计，重55格令（3.564克），被甲厚0.018英寸（0.457毫米）。最后选用的发射药是一种标准的商业型发射药。

使用标准.222弹壳时，这种子弹膛压有点超标。结论很明显，要增大弹壳容量并使用另一种发射药。我联系了温彻斯特和雷明顿公司，讨论为测试项目装填必要数量的弹药……最后决定弹头完成后，阿玛莱特的弹药由雷明顿公司装填，定名为".222特殊"（.222 Special）弹。

在很多人的观念中，尤金·斯通纳是自约翰·摩西·勃朗宁以来最富有才华的枪械设计师。但至少在1958年，他还不像他后来所声称的那样，是个弹药设计与弹道方面的专家，因此设计这款弹药时，他充分利用了阿伯丁现有的工作成果。在阿玛莱特"斯通纳"弹头的原始图纸上，7-弹头弧线（弹头弧线半径是子弹口径的7倍）和9度船尾这些特征与之前D&PS

的4.4克M1同源弹完全相同。斯通纳唯一的改进就是削短了船尾和圆柱体部分的长度，这是为了减轻重量，符合3.564克的规格要求，这个规格还是被科恩博士"枪毙"的阿伯丁SCHV项目的最后遗产。

1958年3月，斯通纳亲自向本宁堡交付了第一批10支完整的AR-15和100个弹匣。4支被储存起来，为步兵局进一步的地面测试做准备，到那时它们会和春田新型的T44E4步枪作对抗，后者刚在"模拟大规模生产"中完成了500支。剩下的步枪中，有3支被分配到其他部门做展示；最后3支被标上记号，送到阿拉斯加的格里利堡，在那儿它们会进一步进行北极环境下的试验和试射。

斯通纳参加了整个步兵局的试验，正如他所说：

政策事先就被制定好了，对于AR-15这种新武器，没有发放说明书或是指导材料。我自己去指导教学班，直到每个参加测试的人都彻底熟悉了这款武器。关于维

◀ .222 Special（特殊）弹。

修和替换零部件，我也进行了协商。这个过程对我和步兵局都很有意义，能获得很多有价值的一手信息。

斯通纳回忆真实测试时充满了骄傲之情，按他在兵工厂的发言，第一批AR-15和T44E4对抗测试时表现出色，"只要温柔以待，便是优秀的可控武器"。他回忆说，战斗射击阶段"是我见过的最恶劣的测试环境，地面上满是6英寸（152毫米）高的紧凑铁丝网，枪手必须穿越这些障碍，所以他不能保护他的枪支，否则浑身上下的皮肤都会遭殃。到了那天晚上，参加射击测试的部队官兵身上已经没剩下多少衣服了，他们的靴子几天内就全部开裂"。

温彻斯特.224口径轻型军用步枪

同时，让仙童主管部门吃惊的是，阿玛莱特并不是唯一一个正在开发新型SCHV武器的公司。回到1956年夏天，CONARC已经要求属于奥林-马修森化工公司的温彻斯特西部分部在他们的统筹下提交一份SCHV步枪的设计，来和阿玛莱特公司的产品进行竞争测试。温彻斯特公司没过多久就拿出了一支时髦的步枪，带20发空弹匣时总重只有2.27千克，枪管和AR-10相似，都是一根开槽的钢制枪管。它的枪托和护手为传统的整体式，用胡桃木制成。导气系统为短行程活塞导气式，枪机为双闭锁突笋回转闭锁枪机。从这些特征和其他细节看，它像极了一支改进版M2卡宾枪。但实际上，温彻斯特公司也花了不少力气，试图在不涉及耻辱的卡宾枪

的前提下，描述这款新武器的血统：

开发之初，我们把可靠性放在了极其重要的位置上，认为决不能为了轻量化而牺牲可靠性。所以，我们决定在之前已经过战地以及极端条件可靠性测试的试验枪基础上，展开新型轻型步枪的研制。因此，我们综合了温彻斯特.30口径试验轻型步枪、G30R半自动步枪、WAR自动步枪和.50口径半自动反坦克枪的优点，把它们作为发展温彻斯特轻型步枪的基础。实际上，闭锁机构和.30口径温彻斯特WAR自动步枪基本相同，后者已经成功地通过了陆军和海军陆战队的极端环境地面测试。短行程活塞导气系统派生于几款成功的验证枪，扳机组基于WAR，枪机的设计基于WAR和G30R步枪。

第一支温彻斯特轻型军用步枪原型枪由拉尔夫·V.克拉克森设计，分别在1957年10月25日于CONARC大本营，11月6日于本宁堡进行了成功的演示。温彻斯特西部分部对弹药设计的要求也较为宽松，只规定必须是.22口径中央发火弹，

▲ 温彻斯特G30半自动步枪。

▲ 温彻斯特.50半自动反坦克步枪。

弹头重量为3.24—3.56克，初速约为每秒1003.2米。最后研发出的弹药被称为.224温彻斯特弹。

温彻斯特.224轻型步枪的原型比第一批AR-15早出现了几个月。尽管温彻斯特下定决心拿下项目，并且第一个拿出了原型枪，但步兵局非正式地把有效射程要求提高到457米后，温彻斯特立马就"吃瘪"了。和尤金·斯通纳记录的情况一样，拉尔夫·克拉克森在尝试往较短的.224E1弹中塞入更多发射药时也发现了高膛压的问题（斯通纳后来猜测.224E1弹在热枪膛中会持续造成每平方厘米4.22吨的膛压，比他的试验弹还高约1.4吨）。因此，温彻斯特在弹道改进方面落后了，而且直到1958年3月还没有做好与AR-15进行步兵局对抗测试的准备。

温彻斯特遇到的高膛压问题使他们做出了和斯通纳一样的决定：稍微加长了弹壳长度，换用另一种发射药。有趣的是，

◀ 温彻斯特.224 E2弹，右下是E1弹和E2弹的对比图。

斯通纳选用的发射药只是装填量和颗粒大小有所不同，而温彻斯特换用了一种完全不同的发射药，甚至都不是他们自己的产品。雷明顿的.222雷明顿弹和阿玛莱特的.222特殊弹用的都是杜邦公司开发的改进型军用步枪（IMR）发射药IMR 4475。后来有证据表明，斯通纳明确要求AR-15的设计围绕IMR发射药展开。从某种意义上讲，温彻斯特是"被迫"选择用IMR发射药装填.224E2，这样膛压才能和.222特殊弹持平。实际上，后来从AR-15到M16的过程中也被迫换过一次发射药，不过这是后话了。

温彻斯特轻型军用步枪的关键部分——枪机、机匣和弹匣，均围绕着最初的.224E1弹设计。时间仍在不断流逝，步兵局计划好的两款步枪"对比"测试已经开始了，但温彻斯特还是没能参加。为便于改装，在弹壳更长的E2弹上，温彻斯特把53格令平底弹头塞得更深，这样现有的步枪仍能配用这种弹。有趣的是，.222特殊弹能塞入温彻斯特步枪的弹膛，只是后者长2.29毫米，并且不能很好地从弹匣供弹。斯通纳记录到，为了让阿玛莱特和温彻斯特的步枪能更好地进行比较，AR-15必须能够使用大小相似且弹道属性更好的.224E2弹射击：

差不多同一时候，温彻斯特在轻型步枪项目[1]上成功地获得了和我们类似的合同。他们用一款使用.224E1弹的步枪进行了射击演示，这种弹采用球形发射药和

---

① 注释："轻型步枪项目"（light weight rifle program）一般指的是诞生M14的项目，不知道斯通纳何出此言。

53格令的平底弹头，初速和我们的弹差不多，约每秒3300英尺（每秒1003.2米）。

项目正在进行中，我得到通知说温彻斯特会对他们的弹药进行一定改进。这个变动是因为他们使用的球形发射药在热

枪膛中会造成过高的膛压。他们被迫使用IMR型的发射药，还要增加弹壳容量。

温彻斯特与阿玛莱特达成了一项协议，即雷明顿.222特殊弹和他们的弹药大小要相近，这样双方各自的步枪就能同时使

温彻斯特.224轻型军用步枪

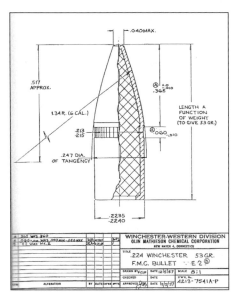

COMPARISON OF
REM. 222 SPL. & .224 WINCHESTER E2

.2245 DIA ~55 GR.
SPITZER BULLET

.2240 DIA ~53 GR.
BULLET

2.260   2.170

1.760   1.780

REM. 222 SPL.   .224 WINCHESTER E2

▲ 53格令的.224温彻斯特E2弹图纸。

▲ 两种弹药的对比。左侧为.222特殊弹，右侧为温彻斯特.224E2弹。

用2种弹药。但还有一个问题，温彻斯特后来将.224E2弹的弹头深深地插入了弹颈，减小弹药的总长度，以适配他们已有的步枪设计。结果，AR-15在陆军测试项目中可以发射两种弹药，而温彻斯特步枪只能发射.224弹。

.224弹几乎各项测试的结果都比.222特殊弹差。阿玛莱特的测试显示，.222特殊弹弹头设计更好，远距离穿透力也要好得多。根据记录，后来凸显出来的另一件事是，温彻斯特弹在各种恶劣环境测试中经常掉落底火。在阿伯丁的一次下雨环境测试中，半数温彻斯特弹都出现了底火松动的问题。雷明顿.222弹也参加了这次测试，没有一发弹药出现问题。

对第一批AR-15的改装

幸好阿玛莱特已经从AR-10项目中获得了很多重要经验，1958年3月的步兵局地面测试只在AR-15身上发现了一些相对次要的问题。除了稍微加强一下枪管以外，对最初的17支步枪中的一部分还进行了很多改进：

1. 扳机扣力减小到约7磅（3.18千克）；

2. 改进扳机回复到初始位置的动作；

3. 用两块可拆卸式护手（由一个负载弹簧的突起环锁在一起）替换单块锥形的玻璃钢护手；

4. 增大照门护罩体积；

5. 更改快慢机/保险杆的作用位置（最早保险是处于直立状态，全自动档是位于下方）；

6. 拉机柄从AR-10的样式，改为一个带锯齿的三角形，位于机匣后端（原先位于枪机框上方的"手指"型拉机柄在持续射击时会变得过热，而且带着冬季手套时不好操作）；

7. 为了防沙，增大了机匣在弹匣接口附件的间隙；

8. 玻璃钢枪托底部加装了橡胶护垫；

9. 增大缓冲器零件之间的间隙；

10. 枪机框和机匣接触的面积减小；

11. 增加了防尘盖；

12. 更改了进弹坡；

13. 弹匣容量从25发减小到20发；

14. 枪管增重2盎司（56.7克）；

15. 枪口增加了消焰器。

第一批改装后的AR-15在本宁堡接受了简短的测试，被宣布适合其他感兴趣的部门进行安全测试。让科恩博士忧心忡忡的是，改装后的AR-15马上就被发配到全国各地接受测试。

步兵局一开始就发现AR-15在很多重要属性上更优秀，这在某种程度上加深了科恩博士的忧虑。举个例子，在凯尔靶场进行的3次模拟泥沙战斗环境测试中（上文已经提到了斯通纳对恶劣测试环境的描述），AR-15一共半自动发射了3578发弹药，总故障率为每千发6.1次。相比之下，精心挑选的春田兵工厂T44E4步枪一共只发射了2337发，总故障率却达到了每千发16次，大约是还在发展中的AR-15的3倍。

科恩博士的困境

4.08千克重的T44E4"轻型步枪"在那时已经被美国正式采用，也就是M14，不过流水线大规模生产直到1960年才开始。由于阿伯丁开始占据有利地位，比尔·戴维斯带着同情口气描述了科恩博士的处境：

清单上步枪的准确数目对于我来说没有什么利害关系，但我听说数量没有到达军事动员的要求。如果这是真的话，那么春田兵工厂很有必要马上额外生产一批的步枪。没有任何一个有经验的规划人员能

▲ AR-15 000008号步枪。

▲ 柯尔特601型的拉机柄，这个三角形拉机柄日后将成为AR枪族的典型特征。

保证AR-15能马上投入生产，尽管几年之后人们得出了相反的结论（即一批没有经验的人认为M16能马上投入生产）。生产计划仍然围绕着M14，因为它在某种程度上是一种使用7.62毫米NATO弹的现代化改进的M1步枪，这个优势可不容小视。为了满足眼前迫切的需求，看起来必须着力于大量生产M14步枪，毕竟唯一实际的替代方案是用已有的工具生产更多落后的.30 M1步枪。

从现实的角度看，推进M14生产的计划在那时还算合理。但是，科恩博士很懂华盛顿那一套采购政策，他知道这个看起来很有说服力和逻辑性的争论还不足以说服国会不削减M14项目的预算。要是让他们知道还有另外一种新兴步枪就更糟了，要知道那时（其实现在也是）国会里总是有一部分人天天急切地等着新借口出现，以便削减军事开支，完全无视现状。科恩博士对于削减步枪采购数量的担忧可能并非空穴来风……

AR-15参与的各种测试

步兵局展开的是"使用者"测试，军械局则负责对刚出生的AR-15进行工程，或者说技术测试。仙童第一次向军械局展示AR-10的时候就意识到，军械局对自己激进的塑铝直枪托步枪设计持怀疑态度。确实，在春田兵工厂的测试中也发现了AR-10近乎灾难性的枪管问题，结论是"（AR-10）不能作为一支令人满意的军用步枪"。

在口径方面，采用SCHV概念的AR-15选用了小口径的.222特殊弹，更是导致阿玛莱特被"全威力党"集体厌恶仇视。好像这还不够似的，仙童发现由于雇用了大嘴巴的梅尔文·约翰逊，该枪与一堆纠缠着的问题不期而遇。约翰逊在他二十几岁的时候曾致力于用他的步枪把M1拉下马，那可是场苦涩的战役，陆军不少人都还记得约翰逊，约翰逊也记得他们。而且约翰逊还迫不及待地"自由发表"他怀疑阿玛莱特步枪会被内定出局的看法。不管怎么说，比尔·戴维斯还是描述了OCO和仙童之间的一些趣事：

我想起那时围绕着即将展开的工程测试，确实有一些幕后动作。科恩博士的办公室据说更喜欢他们在春田兵工厂搞出的产品。仙童的退休总裁德弗斯据说在五角大楼获得了一些胜利，所以他提出的只在阿伯丁展开测试的要求获得了通过，因为阿玛莱特感觉，对于一项需要公正客观的选拔测试来说，阿伯丁更值得信任。这样一来，科恩博士对春田兵工厂的偏爱相当于是被"否决"了。

阿玛莱特和军械局首席办公室从未真正地和睦相处过，1958年AR-15于步兵局地面测试中获得决定性的成功后，双方关系就更差了。虽有德弗斯将军的支持，但科恩博士及其他拥护者仍在保护M14采购项目，所以说这只是暂时的胜利。

在编号为TS2-2015的军械局第57份报告中，收录了1958年17支AR-15步枪工程测试报告中的描述。该报告发布于

1959年2月，题为《一次步枪测试，.22口径，AR-15步枪；轻型军用步枪，.224口径；以及配套弹药》。参与撰写这份报告的专家有不少，其中就包括了顶级竞赛射手拉里·摩尔。

多年来，摩尔都是阿伯丁步兵与航空武器分部发展与验证服务中心的主要测试工程师。他对众多美国以及外国轻兵器进行工程及精度测试时，总是非常细心，他的大多数报告都直言不讳，带有强烈的个人特色，甚至称得上是无畏，因为他知道自己是要选拔美军可能拿上战场的武器。在摩尔眼里（其他很多人也赞同这一点），没有任何试验能被设计得和真实的战斗一样，最多就是提前发现武器的一些毛病罢了。可以想象，他对军械局赞助武器的基本设计给出批判意见和结论时（他经常这么做），五角大楼的军械局办公室会多么头疼。了解这个背景后，再去看看拉里·摩尔给阿伯丁的关于AR-15和温彻斯特.224步枪的报告，就会显得很有趣。比尔·戴维斯写道：

阿伯丁轻兵器部门（我当时是负责人）收到测试指示后，我给拉里·摩尔的报告签字了。他是个能力突出的工程师，个人诚信毋庸置疑。我请求以个人名义在一些特定测试中担任射手。我也确实在一些测试中进行了试射，对AR-15的优秀表现印象深刻。

我对AR-15特别感兴趣，因为它完全符合古斯塔夫森和我1955年给军械局首席办公室的建议中提到的特点。在1958年完成的测试中，AR-15表现很不错，要知道它这时仍在早期发展阶段。测试结果被记录在发展与验证中心的报告中，但一般情况下工程测试报告会包括结论与推荐部分，这份报告却没有。事实上，这部分被直接送到了科恩博士的办公室，在他转手之后就被省略了。我们的结论是，AR-15本质上是一个十分优秀的设计，我们没有发现按一般研发流程来说需要改进的重大问题。我们的建议是在陆军的赞助下继续发展AR-15。

在阿伯丁进行的一个作为补充的降雨环境测试中，拉里·摩尔报告称水滴滴入AR-15最初的开槽式枪管时，开火导致枪管炸膛了。科恩博士把这点当作AR-15的"阿喀琉斯之踵"，尽管这种枪管问题并非AR-15所独有，也可以通过正常的工程研发来解决。在发展过程中的官方报告里，不谈优点和指出缺点能起到同样的破坏作用；在AR-15以及之后M16的发展史上，这种省略引起的误导屡见不鲜。关于AR-15由于枪管积水而炸膛这一事件，可以采信各种不同的官方说法，这些说法和什么都不说差别是很大的。

斯通纳当时的个人记录可能最接近幕后真相。上面写道，AR-15在最初的降雨环境测试中炸膛后，他将枪管换成了一根不开槽的、稍重的传统枪管。阿伯丁在补充降雨测试后严肃地给出了结论："改造后的枪管（不开槽的传统枪管）和标准步枪（枪管）一样安全"——换句话说，任何轻到了一定程度的标准军用步枪枪管，膛内积了足够多的雨水后都有可能炸膛。

　　7月份对温彻斯特分别进行几项测试，8月又对AR-15进行一次补充测试后，步兵局发布了最终的项目报告。他们热情地推荐AR-15，认为该枪是M14的潜在替代者，但这一点在报告中被冲淡了。

6.35毫米和北极的"脏事"

　　同时，从军械局首席办公室传出了一个让所有SCHV支持者吃惊的消息：科恩博士宣称AR-15应该以.25口径（6.35

毫米）系列弹为基础推倒重来。这种新型弹处于.223（5.56毫米）和.30（7.62毫米）之间。科恩博士说，把口径增加到.258英寸能有效地让雨水被排走，并减小.22英寸口径天生的毛细现象带来的问题。实际上，单弹头、双弹头版本的.258口径弹药都有长短弹壳版本，这些弹由富兰克林兵工厂和奥林的温彻斯特西部分部设计制造。在SALVO（齐射）计划发展过程中，这些弹从改装的商业步枪上发射，来完成若干军械局的测试。

NR 2787项目报告（节选）
小口径高速弹（SCHV）步枪的选拔

　　为了验证小口径高速弹步枪是否有能力替换M14和M15步枪，我们进行了选拔测试。在测试中，使用7.62毫米M59普通弹的M14作为对照组，使用.224弹的AR-15和温彻斯特步枪为实验组（AR-15在侵彻力试验中使用雷明顿.222特殊弹）。

　　实验组的步枪在重量和操作难易度上都优于对照组。枪-弹组合系统的轻量化很有意义，一个背负10.16千克战斗负荷（包括武器和弹匣）的士兵，使用任意一种SCHV武器时可携带的子弹数几乎都是携带M14时的3倍(650发对220发)。

　　拆装简易性和模拟战斗环境下的可靠性方面，AR-15优于对照组和温彻斯特步枪。

　　侵彻力和停止作用方面，实验组弹药/步枪系统的表现都比对照组优秀（此处存疑）。

　　其他对照组和实验组竞争的测试中，只有瞄准装置方面，实验组被认为差于M14步枪。

　　AR-15 SCHV步枪在阿伯丁试验场和步兵局主持的模拟降雨试验中炸膛了……在补充测试中，因为人造雨滴滴入枪管并在弹药附近聚集，步枪开火时受到了严重损伤；测试温彻斯特步枪时，也发生了同样的问题。因为阿伯丁的测试已经揭露了问题，步兵局没有对温彻斯特步枪进行补充试验。

　　阿伯丁的工程测试表明，枪管积水的问题在.25口径或是更大口径上也可能存在。另外，阿伯丁的测试表明，无法通过部分抽壳和枪械排水来解决该问题。

　　阿玛莱特和温彻斯特的步枪证明了自己有足够的潜力继续进行发展，但现在就作为军用武器是不可接受的。

　　虽然现在的测试结果显示，阿玛莱特AR-15步枪比温彻斯特步枪更为优秀，但双方都有资格被给予足够的时间与机会纠正测试中发现的问题，并尽早提交完全改进后的武器。

　　枪管积水和弹药解体/破裂是两个主要问题。

　　枪管积水的问题应该从机械上解决，可能的话尽量不要将枪口保护器作为武器的一部分。

▲ 其实积水问题直到现在还没有完全解决，HK的宣传视频也还拿这个说事。最上图为触水即射击炸膛的M4A1卡宾枪，上图为完好无损的HK416步枪。

看起来，.258项目完全就是为扰乱SCHV项目的发展而提出的，但由于.258弹的基础是如此单薄，这个策略并没有奏效，只是把金钱和精力花在了更没用的地方。.258弹项目持续了2年，最后发现这是个耗资不菲的死路，让阿玛莱特发展.258口径步枪的企划也从来没有实现过。

梅尔文·约翰逊在他长期以来一直和陆军进行的"斗争"中提出了不少阴谋论；像是为了证明这些不全是空穴来风似

的，尤金·斯通纳不久也领教到了军械局如何为自己谋利。他这样描述道第一次阿玛莱特AR-15北极测试时的场景：

我被告知在北极测试之前就能签订合同，并且和之前在本宁堡一样，允许我辅助部队熟悉武器的使用与维修。这被认为是必需的，因为北极测试部门没人熟悉AR-15。

1958年12月，我从阿玛莱特得到消息，阿拉斯加格里利堡的北极测试部分需要一些额外的部件。这是测试开始后收到的第一个凶兆，我立即前往格里利堡。

我赶到后检查武器并进行了维修。我在检查中发现，一批枪的准星被移动调整过且松动了（准星是用锥形销固定的，而且没有任何理由移动它们）：在一支步枪上，锥形销直接插反了，毫无疑问准星也松动了；在其他步枪上，锥形销丢失了，取而代之的是小块的焊接地条钢。我还发现其他一些零件被调包的现象，都有可能导致枪械故障。

我被告知，这些武器就是在我第一次看见它们时的那种状态下进行测试的。还有，没有任何人熟悉这款武器，也没有任何人曾经收到过保养与开火的说明书。

我有机会穿着整套北极服装试射步枪。这支枪已经在室外的低温下放置了好几天。我发射了400发弹药，没有任何故障。但我对穿着北极服装时操作武器所需的巨大精力印象深刻。我觉得这一点在测试中没被考虑到，并希望粗糙的"家庭自制"零件造成的问题被提及并予以纠正。

▲ FAT116E1 6.35毫米单弹头弹。

那时，我还要去参加一个在弗吉尼亚门罗堡CONARC本部举行的会议。我一到那儿就被告知，会议是由CONARC的副司令鲍威尔将军主持的，议题是决定未来的抵肩轻兵器政策。在这次会议上，我被要求介绍一下AR-15项目。在我介绍的过程中，鲍威尔将军问到了北极测试。我说在保养良好的情况下，它们只有一些小问题。

几个月后，我发现鲍威尔将军其实早已读过了北极测试的报告，而且实际上，我还在格里利堡的时候他就已经做出结论了。如果我知道这些话，一定会和鲍威尔将军说清楚情况。问题实际上是由松动的准星所致，在武器部件都正常的情况下，它的表现要好得多。

不过，最后表态的是已经退役的前CONARC指挥官怀曼将军，他从一开始就要求把发展AR-15放在首要位置。了解到AR-15的优点之后，鲍威尔恍然大悟，OCO也把报告中关于枪管积水问题严重性的部分（也就是枪管积水是.22口径所独有这一"巧妙"推理）通通抹去了。作为CONARC的副指挥官，赫伯特·B.鲍威尔一定看过步兵局最初"可以考虑采用AR-15作为M14和M15步枪的潜在替换者"的推荐，并予以同意。他在之后的几个月中看到，步兵局对阿玛莱特和温彻斯特SCHV项目做出的"作为军用武器而言现在不可接受"的判断已被事实所冲垮。不论如何，鲍威尔当局的初步计划是为后续试验采购750支AR-15。

.224口径春田步枪

同时，像是为了证明科恩博士的恐惧会成真似的，第三种SCHV步枪及弹药问世了，而这正是在他眼皮底下——春田兵工厂——发生的。

运气不佳的T25/47步枪的设计者厄尔·哈维和他春田兵工厂的同事很喜爱20世纪50年代出现的商业型.222雷明顿弹。哈维是一个狂热的射手，但在工作中常坐冷板凳，他注意到CONARC对SCHV概念的兴趣正在逐渐增加，认为春田的设计团队必须也去尝试，哪怕要以非官方的形式进行。

1944年，哈维就开始了.30口径T65轻型弹药的开发，他在标准的M2弹头上开出了第二条紧口沟，并把它装到了商业型.300萨维奇弹的弹壳中，总长达到2.8英寸（71.12毫米）。12年后，古斯塔夫森.22卡宾弹"太小"以及T48 .22 NATO弹"太大"的结论，让哈维和尤金·斯通纳一样，选择以.222雷明顿弹为基础，研发满足457米射程要求的SCHV弹。用哈维自己的话说就是："从弹壳以及推进药燃烧的情况来看，我决定不改变.222弹壳弹体前部的直径以及弹肩角度；增加发射药装填量，把弹头重量增加到55格令（3.56克）。"

▲ 厄尔·哈维和当时春田兵工厂的一些主要项目的合影。

由于原有的弹壳会限制初速和膛压，所以决定绘制图纸，制造新弹壳。1957年，春田兵工厂向雷明顿发送了订单，初始数量是10000发，这些被称为".224春田弹"的子弹仅此一批。雷明顿报告说，开发出合适的底火后，他们用从塞加公司买的55格令全金属被甲弹头装填新弹壳，一共装填了9500发[1]。有趣的是，剩下的那500发.224春田弹弹壳装填的是阿伯丁68格令.224口径M1同源弹，并在BRL的唐纳德·霍尔展开的SCHV致命性试验中使用过。

尽管发展最后走入了死胡同，.224春田步枪本身还是很有趣的，而且比科恩博士6.35毫米弹项目站得更高。作为阿尔伯特·J. 利兹及其兵工厂步枪设计组同事非官方的"兴趣产物"，.224春田项目可以有很好的机会解决T25和T44系列步枪在无数发射击测验中暴露出的种种问题。利兹及其团队开展.224步枪项目前进行了规划，准备制造一支"带枪机框的前部枪机回转闭锁；从机匣后半部分顶部进行装配和拆解；双排弹匣；击锤回转击发（起源于雷明顿1944年的T22步枪项目）；可选

① 斯通纳设计的.222特殊弹55格令弹头也是从这个公司搞到的。

▲ ▶ 春田.224
步枪No1号。

择半自动或全自动射击，以及可控的四发点射；导气式操作原理"的步枪。

厄尔·哈维后来回忆到，两支春田.224步枪中曾有一支被送往五角大楼的一次SALVO（齐射计划）会议上。会上，OCO、BRL和富兰克林兵工厂大部分代表的即兴意见是这款武器设计令人满意，值得进一步发展。可到那个时候，科恩博士已经感觉到怀曼将军和阿玛莱特非正式的、直接的"安排"，而他在这"安排"中扮演的是一个在正常军械局采购流程中捣乱的人，并且看起来是难以阻止了。春田兵工厂想发展SCHV，还被军械局鼓励参加.22步枪竞争，这更让博士吃惊。据说，最初的原型枪于1957年中期完成后不久，兵工厂收到了一份强硬的命令，叫他们结束.224步枪项目，并避免进行任何SCHV的开发工作。

因此，很少有人清楚.224春田步枪的实际表现如何。哈维承认由雷明顿装填的弹药实际上并没有达到预先的精度、杀伤力和弹道特性要求。从官方角度来看，只有1960年陆军北极测试中心对箭形弹和6.35毫米单头双头弹进行射击测试时，

▲ 从左至右分别为： .222雷明顿弹、.224春田弹、.222雷明顿马格努姆弹、.222特殊弹、.223雷明顿弹和、.224温彻斯特弹，5.56×45毫米弹。

▲ 左：.222雷明顿马格努姆；右：.223雷明顿。

简略地提到了一种".22口径（春田兵工厂设计）"，而且记录就是"无数据"。不过，.224春田弹并没有随着步枪一起消逝，雷明顿公司了解到兵工厂不会对.224项目进行任何后续开发，于是找到哈维，问他是否认为陆军会反对把这种弹作为商业弹。既然陆军已经不负责这个项目了，自然不能提出任何抗议。哈维的.224春田弹也就被重新命名为".222雷明顿马格努姆"弹并制造、销售，还成功在民用市场卖了好几年。

顺便一说，由于".222"这个数字被使用得越来越多，容易造成一些困扰，特别是在.222特殊弹和.222马格努姆之间。因此，雷明顿1959年宣布把斯通纳的".222特殊"弹改称为后来著名的".223雷明顿"弹。实际上，5.56×45毫米弹即使按实际口径算也不是0.223英寸，浑身上下就没什么和0.223英寸挂钩的，不过这种"名不副实"的事情在美国民用弹药中也不算少见了。

情况突转

虽然正如斯通纳说的那样，AR-15在北极测试中出现的莫名其妙的问题已经提交给了鲍威尔当局审议，但这对项目造成的破坏远远比不上OCO态度的突然逆转：

▲ SCHV计划弹药全家福，从左至右：.22卡宾弹；.222斯通纳试验弹；.224春田弹；.224温彻斯特E2弹；.222雷明顿特殊弹。

OCO谴责这种在7.62毫米NATO弹好不容易赢得北约标准弹选拔后还推荐购买测试数量AR-15的行为，认为这是公然地打自己脸。实际上，在细读甚至"阉割"步兵局和D&PS的报告后，科恩博士宣布了最终官方结论：AR-15并没有证明它有足够的技术优点，以支持陆军继续考虑对它进行开发。

到1959年2月，一切都结束了。陆军参谋长麦克斯韦·泰勒将军坚称"只有M14适合陆军使用"。前面说的.258项目则被归入齐射计划，甚至科恩博士寄予希望的.224温彻斯特轻型军用步枪也被否决了。温彻斯特获得了第一批35000支外包M14生产订单作为安慰；仙童什么都没得到，上文提到的.258口径阿玛莱特步枪的订单从来没有实现过，泰勒将军也坚决反对陆军购买任何.223口径AR-15。

科恩博士继续M14采购项目的决定逻辑上讲得通，实际上也是他唯一的选择：美国已经强迫北约接受了7.62毫米弹，不可能放弃采购使用北约标准弹的步枪。不幸的是，M14的制造后来"暂时"告一段落后，至少造成了两个灾难性的"长远"后果：

第一，国防部长1963年把AR-15看作一种"发展完全的武器系统"并展现出兴趣的时候，该枪已经有5年未接受过显著的工程研发工作。这个简单的事实，是该项目后来一系列问题的开端。

第二，即使在1958年，说AR-15没有技术优点也是错误的，甚至可以说这个结论是科恩博士忽视各种推荐，根据自己经验得出的；这严重地破坏了陆军技术服务部的名誉，让军械局技术部非常失望。讽刺的是，科恩博士自己的权威也因此被削弱，从而为OCO在1962年的解散"做了贡献"。

从阿玛莱特到柯尔特

仙童的总裁理查德·鲍特尔经常就是否进入枪械领域这件事和公司的董事们争执，但没有什么结果。实际上，早在1958年夏天，他就希望AR-10能大卖。尽管AR-15因为枪管积水问题受到了一些挫折，但军方仍然对其很有兴趣。因此，鲍特尔急切地呼吁，想将加利福尼亚阿玛莱特的厂房变成真正的生产线，然后自己生产AR-10和AR-15，董事们则又一次拒绝了这种冒险。

当时，巴尔的摩的库珀·麦克唐纳（Cooper MacDonald）公司负责在亚洲销售荷兰生产的AR-10。实际上，罗伯特·"鲍比"·麦克唐纳在某种意义上算是南亚问题的专家，他曾在那里工作生活过几年。除了AR-10，库珀·麦克唐纳公司1948年还开始在南亚推销柯尔特手枪，以及雷明顿的步枪、弹药和霰弹枪。

同时，仙童公司的航空业务在财务上很紧张，母公司越来越难以提供AR-15项目需要的投资。因此，鲍特尔先生交予库珀·麦克唐纳公司额外任务，让他们寻找可以授权生产AR-15的生产商。"鲍

比"·麦克唐纳很自然地和朋友弗雷德·罗夫提起了这件事，后者当时是康涅狄格州柯尔特武器公司的销售经理（后来成为总裁）。罗夫很感兴趣，但柯尔特和其他传统的新英格兰枪械制造商一样，由于民用和军用市场萎缩，在后朝鲜战争时期面临着更严重的财务损失。1958年9月22日，柯尔特和库珀·麦克唐纳公司就"阿玛莱特公司的事务"签订了20年的担保书，但几个月后才真正完成集资。

实际上，柯尔特公司也正徘徊在破产的边缘，其生产工厂整整一个世纪都没有升级过。公司快要被一位纽约的金融家收

▲ 东南亚国家在日后确实也大量使用了M16，比如马来西亚。

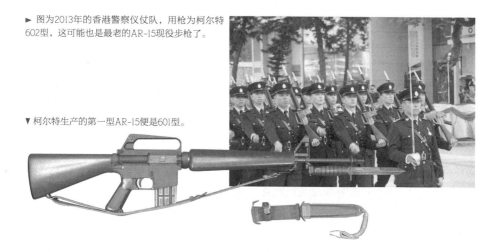

▶ 图为2013年的香港警察仪仗队，用枪为柯尔特602型，这可能也是最老的AR-15现役步枪了。

▼ 柯尔特生产的第一型AR-15便是601型。

购了，这位金融家也仅仅是想从已经生产而未组装的配件中获一份利。讽刺的是，柯尔特的新主管和新成立的仙童斯特拉托斯公司签订协约的日期，几乎和泰勒将军否决陆军增购.222口径步枪预案的时间重合。还有一点很有意思，柯尔特买AR-15时，只付给仙童公司75000美元加4.5%的生产利润分成，却付给库珀·麦克唐纳公司250000美元加上1%的生产利润分成。艾科德委员会（详情请见下文）的听证会记录了柯尔特与库珀·麦克唐纳公司所签协议的要点：

库珀·麦克唐纳公司是仙童引擎和飞机公司（即现在的仙童斯特拉托斯公司）和仙童国际武器公司的代理商，负责有限的采购、改装。柯尔特得到了轻型自动步枪，或者说是阿玛莱特AR-15以及任何与阿玛莱特导气系统有关的改进型步枪的生产销售权利。

柯尔特授权库珀·麦克唐纳公司进行

推销，包括将AR-15卖给美国空军作为标准装备，以及向外国政府和其他使用者推销，公用和私人使用都包括在内。

"阿玛莱特军用武器"更进一步、更广泛的定义后来被确定为："使用阿玛莱特导气系统的阿玛莱特AR-10，阿玛莱特AR-15及其任何改进型（包括两脚架、三脚架、重枪管、轻机枪等改型）。"

柯尔特的信件以及5000美元预付款于1959年2月19日交付库珀·麦克唐纳公司，信件最后写道："这张支票可以让你马上飞到远东去寻找必要的订单，使我们可以开始生产。"

艾科德委员会听证时，"鲍比"·麦克唐纳这样回忆当时的情景：AR-10开始销售时，仙童研发了AR-15。在我看来，当时CONARC的领导怀曼将军似乎很喜欢小口径高速弹步枪的概念。于是，仙童的分公司阿玛莱特缩小了AR-10的口径，发射5.56毫米或者说.223弹。

当时仙童的总裁鲍特尔先生叫我到黑格斯敦（Hagerstown）看看这款步枪，我看了以后甚是喜欢。鲍特尔要和斯通纳一起去本宁堡参加陆军测试的时候，我决定一同拿下大口径和小口径两款步枪，在全世界各种环境下试射并销售。

我对搞一支给东南亚人用的步枪很感兴趣，这种步枪要足够轻，让他们拿得动。

因此，1959年春我和斯通纳一起去了东南亚，拿上了000004号AR-15，在菲律宾、马来亚、印度尼西亚、泰国、缅甸和印度进行了试射，然后去了意大利……射击这款步枪越多，我就越是喜欢它，而且那些日子里接触过这支枪的人似乎大多也喜欢上了它。由于没有人想要射击AR-10，我在菲律宾白送了6000发7.62毫米弹；所有人都想试射AR-15，因此我觉得没必要再带7.62毫米弹药了。

我们在印度大概打了8000发，在马来亚进行了各种环境下的试射。我记得只发生了一次故障，还是因为有人掰弯了弹匣的抱弹口。

这是我一生中见过的最完美的、最傻瓜式的武器。

柯尔特当时已经花了100000美元准备AR-10的生产。我回到新加坡后打电报回去，通知他们马上停止，并将资金全部转向AR-15，很明显，所有人都是这么看7.62毫米NATO弹的——它并不是很好，只适合少数人。柯尔特听从了我的建议。

结语

至此，可以说阿玛莱特在SCHV项目中算是失败了。不过，现在我们知道，M16已经超越了春田M1903，成为美国历史上服役时间最长的步枪（没有之一）。但我们也知道，AR-15的东山再起是源于ARPA的AGILE项目，该项目旨在给世界偏远地区正在参战或有可能参战的军事或准军事力量提供工程援助，并不是一个轻兵器研发项目；并且到那个时候，飞马也已经变成了小马[1]。当然，那时没有人能预料到AR-15的000001号枪会演变成M16A4，倒不如说正是因为世事无常，有利可"赌"，阿玛莱特在研发AR-15的道路上才能走得如此勇敢。

①阿玛拉特的商标是一匹飞马，"colt"的意思是小马。

泥泞之战
M16在越南

　　21世纪初，M16已经陪伴美军走过了风风雨雨的半个世纪，并成为美军服役时间最长的步枪，也是轻兵器发展史上最成功的步枪之一。但该枪在服役之初遭受颇多微词，长久以来，围绕着越南战争中的M16步枪，流传着各种各样的神话：美军丢掉M16捡AK47；M16是塑料枪，容易损毁；结构复杂导致故障率高，卡壳害死士兵等等。然而，现实毕竟不是神话故事，真实情况可能比这些简单的论断复杂得多。

AR-15步枪在越南

　　1958年2月，美国国防部先进研究项目局[①]成立了，该局可以很自由地制定和指导"长远的基础性研究"，以推进国防研究和工程应用，最初经手的就是弹道导弹项目。肯尼迪政府对支援外国盟友进行"有限战争"很感兴趣，DARPA借此机会重获新生。1961年春，DARPA的AGILE项目被批准，其意图为"研究如何为世界偏远地区正在交战或正受到威胁的

[①] 即今天的DARPA，不过当时是叫"先进项目研究局"，即ARPA，还没有加上"防务"（D），下文统一使用现名称。

军队和准军队提供工程支援"。DARPA的管理者们开始着手在战火纷飞的印度支那地区建立两个战斗研发测试中心；一个在曼谷，另一个在西贡（今胡志明市）。

越南士兵身材较矮（平均身高为1.52米），体重较轻（平均体重为40.8千克），为其选择合适的基础武器便成了一个棘手的问题。1961年，美国给越南部队提供的主要武器包括.30口径M1步枪，.30口径勃朗宁自动步枪（BAR），.45口径汤姆逊冲锋枪以及.30口径M1卡宾枪。

1961年1月，柯尔特-阿玛莱特公司的AR-15凭借军事机构先前广泛的调查和测试结果，以及自身足够优秀的性能，被选为最适合进行初步测试的武器。测试将在南越的真实战斗环境下展开，并决定AR-15是否适合身材矮小、体重较轻的越南士兵。

美国顾问和越南共和国武装力量（RVNAF）的指挥官于1961年8月在越南进行了有限的射击演示。观看演示后，RVNAF表示看好这款武器，要求获得足够的AR-15有限装备部队，进行全规格战斗评估。1961年12月，国防部长批准采购1000支AR-15步枪、足够的弹药，以及备用零件、附件以进行评估。DARPA和巴尔的摩的库珀·麦克唐纳公司签订了一项包含所有试验材料和空运费用的合同。第一批步枪于1962年1月27日运抵，实战评估和测试从1962年2月1号开始，7月15号结束，使用的弹药由雷明顿按照正常的商业规格生产。

测试分为两部分，一部分是战斗评估，AR-15会被发放到指定的ARVN（越南共和国陆军）部队，让他们在作战中使用；另一部分是AR-15步枪和M2卡宾的对比测试（测试报告见179页）。除了对比结果外，这份报告还称，AR-15的杀伤力和可靠性让人印象非常深刻：在对比测试中发射了约80000发子弹，没有出现部

▲ 瘦小的ARVN士兵使用M1步枪，显得很不协调。

▲ 使用M2卡宾的ARVN。

NR 2787项目报告

概要——参加评估的越南部队指挥官和美国顾问认为，AR-15比M1步枪、BAR自动步枪、汤姆逊冲锋枪和M1卡宾枪更适合越南人使用，理由如下：

（a）比起M1步枪、BAR自动步枪、M1卡宾枪以及冲锋枪，训练越南部队使用AR-15更容易；

（b）AR-15的物理特征和越南士兵的矮小身材更匹配；

（c）在前线环境和驻扎条件下，AR-15比M1步枪、BAR、冲锋枪以及M1卡宾枪更容易维护；

（d）AR-15的牢固性和耐用性和M1步枪相当，比BAR、冲锋枪以及M1卡宾枪更好；

（e）与越南部队现阶段使用的其他4种主要武器相比，AR-15对后勤的压力更小；

（f）与越南部队现阶段使用的其他武器相比，AR-15的用途更多样；

（g）半自动射击时，AR-15的精度和M1步枪相当，比M1卡宾枪更好；

（h）全自动射击时，AR-15的精度与BAR相当，比冲锋枪更好。

和M2卡宾枪对比测试的主要结果如下：

测试1：物理特征对比

（i）AR-15步枪大小和重量和M2卡宾枪相当；

（ii）AR-15可以安装整体式枪榴弹适配器、瞄准具以及两脚架，而M2卡宾枪现在还不能，需要特殊的改装才可以安装这些配件；

（iii）AR-15和M2卡宾枪都很轻，适合越南士兵矮小的身材。

测试2：拆解和组装简易性对比

（i）AR-15的结构比M2卡宾枪简单，在通常的前线环境下，拆解和组装所需时间更短；

（ii）训练越南士兵拆解和组装AR-15的平均时间比M2卡宾枪更短。

测试3：固定距离射击枪法

（i）200码（183米）内，不管是用AR-15还是用M2卡宾枪，ARVN的士兵都能进行精准的半自动射击，两者精度相当；

（ii）200码内，ARVN的士兵使用AR-15时，全自动射击精度比M2卡宾枪高得多。

测试4：未知距离枪法

（i）ARVN的士兵使用AR-15和M2卡宾枪时，在未知距离上都能进行精确的半自动射击，两者精度相当；

（ii）在未知距离上进行全自动射击时，ARVN的士兵使用AR-15时精度比M2卡宾枪高。

测试5：牢固度和耐用性对比

（i）需要长时间射击的情形下，AR-15比M2卡宾枪更耐用；

（ii）战斗环境下，AR-15比M2卡宾枪更能承受粗暴操作。

测试6：安全度对比

（i）AR-15和M2卡宾枪的安全性相当，具体取决于ARVN士兵对它们运作原理的熟悉程度；

（ii）AR-15机匣右侧是快慢机兼保险，用拇指很容易够到，让ARVN士兵用AR-15能比用M2卡宾枪更快地射出第一发。在M2卡宾枪上，他必须要用扣扳机的食指来操作保险，然后再扣动扳机；使用AR-15时，可以用拇指操作保险，食指搭在扳机上。

件破损的情况；参加测试的1000支武器中，只有2个部件损坏需要更换。

杀伤力方面，下面摘录几则战斗报告：

6月16日上午9点……ARVN第340游骑兵连的一个排正在执行任务，在茂密丛林中遭遇了3名武装分子。两名武装分子持有卡宾，一名武装分子有冲锋枪。在大约15米的距离上，一名游骑兵用一支AR-15全自动开火，第一次点射击中一个武装分子3发。一发打在头上，把头完全击飞；另一发击中右臂，也把右臂完全击飞；最后一发击中他右侧，打出一个直径约5英寸（127毫米）的洞。虽然不能确定是哪发子弹杀死了那名武装分子，但可想而知，击中的每一发都能造成死亡。另外两个武装分子见状逃跑了，留下了那具武装分子的尸体和一支卡宾枪、一颗手榴弹、两颗地雷。（来自游骑兵）

▲ 1964年，美国顾问和蒙塔格纳德士兵，顾问手中拿的是AR-15，最前方那名士兵拿的是M1/M2卡宾。

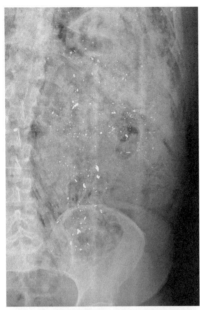

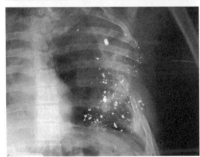

▲ SCHV造成的弹丸裂片X光图。

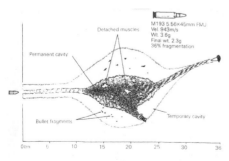

▲ 5.56毫米 M193弹典型的典型创伤弹道，弹头失稳后会碎裂，形成所谓的"铅风暴"。

6月9日，来自第40步兵团的一个排伏击了预期通过的武装分子，细节如下：

a.武装分子死亡数：5人；

b.部署AR-15的数量：5支；

c.发生战斗的距离：30—100米。

d.伤口的类型：

1.背部受伤，导致胸腔爆炸；

2.胃部受伤，导致腹腔爆炸；

3.臀部受伤，摧毁了两瓣屁股的所有组织；

4.胸部中弹，从右侧射到左侧，摧毁了整个胸腔；

5.脚后跟中弹；子弹从右脚底部穿入，把一只腿从屁股到脚全部撕裂。

这些杀伤均由AR-15造成，除了那个屁股中弹的，其他人都立刻死亡。屁股中弹的那个人还活了大约5分钟。

……5名武装分子被击中，都是躯干受伤，并且5人全部死亡。前4人的致命伤可能别的武器也能做到，但第五个是非常可怕的肉体杀伤。AR-15毫无疑问造成了致命的伤口……部队对这款武器都很敬重，对它的喜爱胜于其他武器，他们非常呵护它。

5月23日—24日，一支全部装备AR-15（87支）的部队和指挥部人员卷入了战斗。没有俘获一个伤员，所有的死伤均由AR-15造成；27个武装分子死亡（顾问算的是24个），25人被俘。第一次使用枪榴弹，在100—500米的距离上效果明显。它们扮演着炮火支援的角色（因为火炮并不能提供400米内的支援）；激战中大约发射了36发榴弹，均由AR-15发射。部队对这

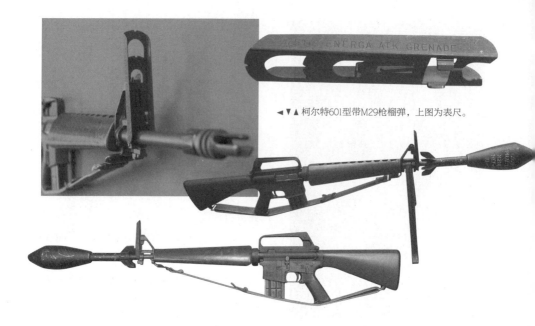

▼▲ 柯尔特601型带M29枪榴弹，上图为表尺。

款武器十分热心，异乎寻常地爱护这款武器。（来自第7步兵师）

4月13日，一支特种部队袭击了一个小村庄。袭击中打死了7个武装分子。两个是被AR-15所杀，距离约为50米。其中一人脑部中弹，看起来是炸开了；第二个人胸部中弹，背部被捅了一个大洞。（来自越南特种部队）

报告进一步指出，在越南的测试中，没有发现武器在正式采用之前还有什么不足需要弥补。只有两个小地方建议进行改进：一是让上护手表面更粗糙，使它在汗手的情况下更易持握；二是增加一个附件室，给通条加一个T形把手。

由于DARPA的测试结果很不错，1962年10月19日，美国驻越南军事顾问总指挥哈金斯将军要求供应大量AR-15

步枪和弹药，来装备特定的南越部队。然而，尽管陆军部支持这一想法，太平洋战区总司令部（CINCPAC）也觉得AR-15是一款很优秀的武器，但后者质疑这么做的必要性。他们的理由是，在资金有限的情况下，将这款武器加入军事援助项目的成本略高，而且还有其他优先度更高的东西。1963年3月14日，CINCPAC的联合参谋本部建议不将AR-15纳入对南亚的军事援助项目，理由是成本攀升，增加后期

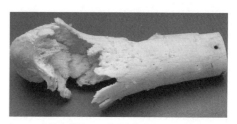

▲ M16A1步枪发射的M193弹击中的人类股骨远端。

工作的复杂性，而且敌人的武器更差。3月
25日，国防部长通过了联合参谋本部的建
议，于是AR-15步枪没有被马上援助给美
国的亚洲盟友。

M16步枪的入役

1960年，美国空军在德克萨斯州拉
克兰（Lackland）做了一系列射击测试。
在这些测试中，AR-15、M2卡宾和M14
步枪进行了对比测试，结果是AR-15的效
能大幅度超过M14。这让时任空军总司令
的柯蒂斯·李梅（Curtis LeMay）将军相
信，AR-15就是空军正在寻找的枪（M14
是陆军的项目，空军没有参与）。因此，
他授权购买80000支步枪，来替换已经落
伍的M2卡宾枪，但这项提案被国会否决。
1962年5月15日，李梅将军第三次请求列
装AR-15，这次终于通过了。李梅直接拍
板，和制造商签订了第一批8500支步枪的
合同。第二年，第二批19000支AR-15的
采购计划也通过了。另外，美国海军也紧
跟空军的脚步，订购了一小批AR-15来装
备自己的两栖特种部队——海豹突击队。

陆军方面的情况更加复杂。一方面，
陆军终于意识到，M14根本就不是什么好
枪；另一方面，陆军也确实在稳步推进自
己的新步枪，即后面将会提到的特种用途
单兵武器（SPIW）。当时，SPIW的概念
看起来确实更先进，更有前途——杀伤点
面结合，设计轻量化，弹道优秀，后坐力
轻柔，命中率高；而且根据进度表，该项
目1965财年结束时就能出成果，只需再等

▲ 某战略空军基地，守卫人员仍在用M2卡宾枪，远处是B52轰炸机。

▲ 除了海豹部队，英国SAS也购买了一批AR-15，在马来西亚-印度尼西亚争端中于婆罗洲使用过。

两年。既然如此，为什么陆军不能凑合着
用已经生产了一堆的M14？而且对国会
来说，还有一个性价比似乎更高的选项，
那就是用购买M14的资金来买AR-15，这
样就可以顺便武装陆军一直想要的空中突
击部队和特种部队。既然SPIW已经是板
上钉钉的事，那也无须再采购M14了，再
买点AR-15当几年过渡品就行。

于是，虽然M14的总产量还远远没有
满足陆军的需求，但1963年1月21日，国
防部长麦克纳马拉就宣布取消M14的生产
计划，承包商则被允许继续生产到秋季。
注意，此时北部湾事件都还没有发生，美

▲ 其实柯尔特在M16项目上也是有一些"动作"的，比如这把独一无二的镀金XM16E1，据说就是准备送给约翰·肯尼迪总统的礼物。

国还停留在出钱出顾问的"特种战争"阶段。就如上文所说，顾问教出来的ARVN连M14都没有，拿的还是二战时的旧货。因此，"M14停产是因为在越南丛林中作战不利"的说法实属无稽之谈，实际上该枪还没有大量进入越南就被陆军扔进了垃圾桶（当然后来在越南战场上的表现也的确够差）。

与此同时，陆军开始和柯尔特协商在接下来的3个财年内购买85000支AR-15。根据国防部长麦克纳马拉的时间表，到那时SPIW应该已经足够成熟，且可以投入大量生产了；也就是说，陆军一共只

需要这85000支AR-15。当然，由于不切实际的要求，SPIW从未达到实用化的标准，项目流产了；而当年的过渡品M16一直服役到今天，其衍生型号M4卡宾枪看起来还要服役很久。

为了有序扩建柯尔特公司的生产车间，1964财年交付的第一批步枪只有2000支多一点。按计划，生产速度之后应该达到军方所需的每年50000支。1963年3月11日，陆军"一次性购买"AR-15的决议通过后不久，麦克纳马拉在给陆军参谋长万斯的一份秘密备忘录里指示，应该召集各部门拟定一份AR-15和.223弹药的军用标准。另外，任何改进和修改的花费都压得越低越好。根据陆军之前开发步枪的经验，国防部准备给AR-15找一个项目经理，他将负责步枪项目中的各项事务，起统筹规划的作用。哈罗德·T.扬特上校被任命为AR-15的项目经理，他每周都会撰写报告来汇报情况。

按照美军命名规则，新步枪被命名为M16。国防部长1963年10月25日签署了价值1350万美元的508号合同，并于11月4日正式将其授予柯尔特。期间，在采购金额、步枪数量等方面还有过一堆修正案。最终的采购合同是：将会为陆军和海军陆战队采购85000支XM16E1步枪，每套价格为121.84美元；为空军采购19000支没有改装的M16步枪，每套价格112.00美元。除了机匣上的铭文不同，XM16E1唯一的特征就是带着陆军死活都要加上去的辅助推机柄，该枪定型后就是M16A1。

◀ 美国海军陆战队登陆岘港，仍然在使用M14步枪。

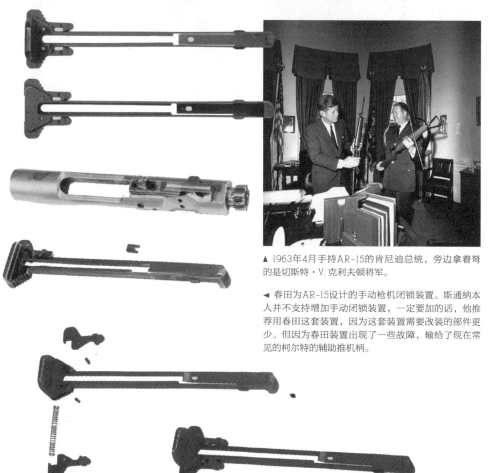

▲ 1963年4月手持AR-15的肯尼迪总统，旁边拿着弩的是切斯特·V. 克利夫顿将军。

◀ 春田为AR-15设计的手动枪机闭锁装置。斯通纳本人并不支持增加手动闭锁装置，一定要加的话，他推荐用春田这套装置，因为这套装置需要改装的部件更少。但因为春田装置出现了一些故障，输给了现在常见的柯尔特的辅助推机柄。

▲ 想要手动闭锁时，用手掌根推改装后的拉机柄上的挡板即可。

艾科德委员会调查

　　越南战争从"特种战争"上升至"局部战争"后，M16也随着美军士兵大量进入越南战场。军方很快就发现M16有问题，但具体问题是什么，有多严重，当时并没有人能说清楚。因此，1967年5月3日，美国众议院军事委员会让理查德·艾科德（Richard Ichord）组建一个三人委员会，来"调查M16步枪的发展、生产、分配和销售"；另外两位成员是众议员斯比蒂·朗和威廉姆·布瑞。艾科德委员会从5月15日开始听证，调查了一整个夏天。6月3日到10日之间，委员会在三位特殊助理和一名军队护卫的协同下访问了越南。他们访问了海军陆战队的两个师，以及陆军5个师的部分人员。采访对象包括在战斗中使用M16的指挥官、后勤部队、教官、士兵和海军陆战队员，最终写成了一份近600页印刷精美的国会证词。调查结

▲ 1969年的理查德·艾科德。

果并未包括精确的数据统计报告，下面是随行助手格罗斯曼上校和护卫保罗·亨利上校的回忆：

　　采访的人中，至少50%遇到过M16的严重故障，大部分是抽壳失败。

　　辅助推机柄的使用还算频繁，证明陆军坚持进行的这项改进还是有一定合理性。

　　抽壳钩和抽壳钩簧需要经常更换。

　　虽然总体上不缺清理和维护工具，但很多步兵都极其缺乏通条和弹膛刷。

　　大约50%的人更喜欢M14。大部分人想要M14的理由是该枪更加可靠；他们对M16在战斗中可能会出现的故障很担忧。

　　M16有轻量化、全自动、便携、射击简易以及轻量化弹药这些方面的优势。

　　相当一部分人在战斗中使用他们的步

枪射击，这和朝鲜战争的经验形成了鲜明对比。

很多人汇报了快慢机卡住不动的情况。

故障和润滑剂或者润滑方式无关，也和特定型号的弹药无关。

不幸的是，委员会在美国调查的人中，很多是可能要为这些问题负主要责任的人，而他们更倾向于有意隐瞒。委员会也注意到了这一点，在听证过程中对一部分军官持敌对的怀疑态度：

艾科德先生（向扬特上校说）：……我们向我们的专家请教，并有证据表明……你之前高度评价的球形发射药对M16步枪的正常运作造成了不利影响。它使得射速上升，燃烧不充分会产生污垢……然而我们了解到，陆军在做出将IMR发射药改成球形发射药的决定时，曾经接到过警告……我们自然也很关心这件事。

显然你不是那么关心。我无法理解你的解释。我就是没法理解你——但或许你还没有用我能懂的说法提供任何信息。

你介意说些什么嘛？

（扬特上校无话可说。）

根据格罗斯曼上校的报告，越南战场90%的故障是抽壳和击发失败。击发后，弹壳有时会死死地黏在弹膛上，这时就必须使用通条捅出弹壳，或者从弹膛里撬出弹壳。因此，委员会很快就认定所有的问题都是由抽壳故障造成的，还询问了一些证人来收集证据。M16的主设计师尤金·斯通纳回忆到：

斯通纳：……如果射速过快，枪械会

▲ M16最常出现的故障——抽壳失败。

过早开锁，此时弹膛内仍有可观的膛压。这意味着——

布瑞先生：那会怎么样？如果在带膛压时过快开锁。

斯通纳先生：那样的话弹壳就会黏在弹膛上——弹膛内残留压力过大，当然，结果是自动机构运作过快，枪机后坐速度更快；换句话说，枪机开锁时的速度会更快。弹壳还有黏在弹膛上的趋势时，情况会更糟糕，因为此时枪机还在准备更快地猛拉弹壳。

布瑞先生：更快的射速一定会造成这种情况？

斯通纳先生：这应该是增加射速所会导致的最坏情况。

斯通纳还就射速上升和部件损坏率的关系补充道：

当然，射速上升会加快武器活动部件的磨损。冲击力会上升，这和能量相关……随着速度的上升，承受的压强会增加，但如果速度增加到两倍，承受的压强不会只有两倍，会增长到至少4倍。换句话说，部件承受的压力不是上升了一点。射速每分钟增加100发，承受的压力就会上升一倍。

总的来说，艾科德委员会得出的结论是：由于陆军更换了发射药，因此导气口膛压上升了，导致步枪射速增加，产生故障。

发射药

要理解发射药的问题，还得先看看到底为什么要更换发射药。

AR-15最初使用的是民用的.223弹，发射药为IMR 4475。IMR系列是杜邦公司开发的管状单基硝化棉发射药。在AR-15军用化的过程中，军方发现其初速可能达不到要求，怎么办？第一种解决方法是增加膛压。这个方法首先被排除了，使用IMR 4475发射药的AR-15最大膛压都有每平方厘米3.66—3.73吨，M193子弹定型时，由于生产标准过于苛刻，甚至没有民用厂商愿意接手。第二种解决方法是降低对子弹初速的要求，但军方无法接受，因为初速的降低会影响武器的外弹道以及远距离上的终点效应。那么，剩下的方法就只有更换发射药一种了。

当时针对这一问题，法兰克福兵工厂研究了若干种发射药，分别是杜邦公司

▲ 最大膛压过高的极端表现形式——炸膛。

推荐的CR 8136，奥林的WC 846和赫拉克勒斯的HPC-10，对照组还是IMR 4475。

CR 8136也是一种管状单基发射药，和IMR的主要区别是具有减燃层，燃烧温度更低，对枪管腐蚀更轻。

WC 846是一款（硝化棉/硝化甘油）双基发射药，通常被称为球形发射药，密度更高，可装填量更大，可以更大范围地调整燃烧速度。

HPC-10是一款管状双基发射药，根据之前的经验，枪管腐蚀可能会很严重，而且在-18.3摄氏度的低温下有膛压升高的趋势。

根据初速和膛压的测试结果，法兰克福兵工厂得出结论，认为CR 8136和WC 846发射药用于5.56毫米M193弹应该没问题，可以用来替换IMR4475。不过要指出的是，当时考察发射药的主要标准是初速/最大膛压比，而像CR 8136和WC 846这样燃速更慢的发射药，燃烧时造成的导气孔膛压可能会更高一些。

最后初速和膛压测试结果

性能 \ 发射药	IMR4475	CR8136	WC846	HPC-10
15码（13.7米）外的存速（米/秒）	980.4	974.32	980.1	986.2
最大膛压（吨/平方厘米）	3.796	3.396	3.431	3.684
导气孔膛压（吨/平方厘米）	1.012	1.040	1.082	1.068

1964年4月，TCC（技术协调委员会）通过这项决议后，最初三家弹药生产承包商中，雷明顿选择使用CR 8136，奥林和联邦弹药公司选择使用WC 846。然而到了1964年年底，雷明顿又抛弃了CR 8136，由此开始了下一轮替代发射药的选拔。最终，IMR 8208M发射药被允许用于M193。不过雷明顿这时已经换用WC 846了，因此，实际上是湖城和双城公司换用了IMR 8208M，他们一直用这款发射药生产M193到1968年。

▲ WC 846发射药。

很重要的一点是，TCC通过WC 846的速度相当快，没有做过任何步枪适应性测试。准确地说，新弹药在步枪上唯一的适应性测试，就是法兰克福兵工厂在替代发射药试验中，自己做的枪管污垢和腐蚀测试。装备4款发射药的子弹各挑出了6000发，由两支新的、干净的AR-15发射，没有发现发射药的差别会影响故障率。当时也的确有人反对这样仓促行事，斯通纳这样回忆1964年夏季的一次会议上，和TCC的弗兰克维的一段对话：

他问我对更换发射药的意见。换句话说，那是一次很奇怪的会议。他要求我和他会面，我就这么做了，我看技术数据文件时，他问道："你怎么看？"我回答道："我对此表示反对，因为……我们之前的经验都是基于一种弹药，使用另一种发射药，我没看到在更换之前……有很多测试数据支持……"

我问道："接下来会发生什么？"他回答："好吧，他们已经决定这么做了。"

我问道："那你现在还来问我？"他回答道："如果你能同意，我会感觉好一些。"

于是我说道："好吧，现在就让我们都不舒服吧。"

▲ 出现抽壳失败问题后底缘受损的弹壳。

而且实际上，陆军对WC 846导致射速上升的事情并不是一无所知，但并不觉得这是个很大的问题。1964年4月，使用球形发射药时过快的射速就已经引起了TCC的注意。一位步枪承包商谈及自己验收测试的经历时，提到在测试的10支步枪中，有6支使用装填球形发射药的弹药时，出现了射速过快的情况。当时，这位承包商请求去除这批当月交付的步枪的射速限制，技术协调委员会也同意了。当年5月、6月、7月交付的步枪也没有射速上限限制，之后，承包商在射速测试时只使用装填IMR发射药的弹药，以便把步枪顺利交付给陆军。

1965年6月和11月，柯尔特应用验收测试的报告表示，步枪使用球形发射药弹药时射速超标，球形发射药弹药和高射速之间的关系又一次引起了陆军官员的注意。由于1964年有过放宽限制以谋得便利的经验，柯尔特又想故伎重演，提议将射速上限提高每分钟150发，这样IMR发射药和球形发射药都能通过测试。柯尔特自己总结道，在他们的试验中，使用IMR

发射药弹药的枪都能通过测试，使用球形发射药弹药的枪则有一半没法通过测试。这份报告还提到，射速明显升高后，枪机疲劳失效的概率有些许上升。此外，WC 846产生的污垢也相对较多。

在技术协调委员会1964年3月的会议上，另一个导致故障的原因也引起了陆军的注意。柯尔特报告道，验收测试中的弹药在很多方面都很"脏"。据称，某些批次的弹药，步枪打了几千发（中间不清理）都不会出现污垢导致的故障，而另一些批次的弹药，打了500、600发之后，就开始出现污垢导致的故障。

委员会记录到，1964年3月那段时间，弹药生产的规格中没有包括对污垢的限制。因此之后修改了规格，要求每个预生产的批次都要抽出1000发弹药来进行污垢测试，达到了要求才能通过。然而，这项要求只针对预生产批次的弹药。根据委员会的观点，除非生产批次的弹药也有很严格的品控，不然发射药化学成分和装填量肯定会参差不齐。不论如何，陆军在只有一组预生产批次测试数据的情况下，居然就接收了多达5900万发弹药，真是不可思议。

那么，M16的问题是否就像艾科德委员会所说的那样，是更换发射药造成的呢？可惜的是，尽管调查人员努力寻找M16系统问题的关键，但这个问题需要专业的技术知识才能够理解。委员会的成员都是众议员，并没有弹道学专家，尽管一两名成员有时试图成为专家，但总体结果是，他们的采访总是没能抓住要点。《轻兵器评论》曾经采访过L.詹姆斯·沙利文。他是AR-15的主要设计员，阿尔蒂·马克斯100轻机枪的主设计师，还参加过斯通纳63和迷你14步枪的相关研发工作。关于WC 846发射药，他有一个很恰当的比喻：

《轻兵器评论》：AR-15/M16系统中球形发射药（WC 846）有哪些特征？

"吉姆"·沙利文：它在导气孔的膛压更高。它本身并不是一种很差的发射药，就像是柴油本身没有问题，但是不要把它放进汽油机里，而这恰恰就是他们当时做的事。步枪必须围绕发射药设计，发射药之于枪就像是燃料之于引擎。

总之，WC 846确实对AR-15/M16武器系统有一些影响，但并不是说WC 846是一种很差的发射药，是问题的全部。同样，IMR 4475也不是解决M16故障的灵丹妙药。那时既没有弹壳硬度标准，也没有合适的枪管腐蚀标准。弹药生产商用的弹壳硬度标准，很可能是当时民用小口径栓动式步枪（比如.222雷明顿）的标准，这类步枪一般被用于狩猎或者打靶，不像M16那样是自动步枪。

从1957年开始，军械局就要求给所有新生产的美国军用轻兵器弹膛镀铬。这个规定是OTCM根据二战时期美军在南太平洋战场的作战经验制定的。然而，M16项目开始时，给.22口径枪管镀铬的技术还不存在。在项目早期，春田兵工厂就建议TCC给M16步枪的弹膛和枪管镀铬；

▲ 发生抛壳故障的M16A1。

尤金·斯通纳则称，AR-15的弹膛和枪管不需要进一步改进，OSD（国防部长办公室）根据这一点否决了春田兵工厂的建议。如果这个建议得到了执行，那么M16在东南亚遇到的污垢敏感问题或许就能避免，不用在几年后再亡羊补牢了。这些问题若不解决，即使继续使用IMR 4475，M16依然会在越南遇到问题。陆军的确专断独行，但艾科德委员会对陆军决策的评判也不完全公正，在发射药问题上有较为严重的误判。

除了枪/弹武器系统本身的一些问题外，M16在越南还遭遇了各种人为因素的困扰，或许比武器本身的问题更加致命，下文援引的可靠性报告将阐明这类问题。

M16A1步枪1967—1968年间的可靠性

自首批美国地面部队（第173空降旅、第1旅以及第101空降师）1965年春夏开始装备M16A1（XM16E1）以来，部队接收此款步枪的数量已经相当多了。当年，陆军部总部并未收到部队遇到步枪可靠性问题的报告，原因主要有以下两点：

1. 拿到武器的部队在使用和维护方面做的训练很到位。举个例子，空降部队在前往越南前一年甚至更早的时候就拿到了XM16E1，他们到越南后也获得了必要的维护工具。

2. 这些部队在他们到越南的前几个月内没有频繁参与作战，因此有更多时间来维护枪支。

1965年年底，COMUSACV（美军越南助理指挥部指挥官）要求所有参战的美国部队都装备XM16E1步枪。能搞到的步枪都在几周内起运，并增加了采购量。第一个提到XM16E1可靠性问题的是一份来自驻越美军的消息，要求空运清洁工具，特别是弹膛刷。文中提到：最近的报告显示，由于缺乏清洁工具，没法除去弹膛中的积碳，战地故障率有所上升。部队急需弹膛刷……

1966年春夏，XM16E1步枪已经尽可能快地生产并配发到了其他USARV部队。由于步枪数量的上升和战斗烈度的升级，USARV清洁工具的缺乏变得非常严重。1966年9月，第1后勤指挥部要求尽快空运50000套清洁工具和50000把弹膛刷

到越南。

1966年10月，XM16E1的问题已经变得如此严重，以至于迫使USARV在越南展开训练、保养和检查的项目，并请求USAWECOM（美国陆军武备指挥部）调派一支技术协助队伍，顺便携带修理工具。队伍很快就调度过来了，1966年10月30日，领队向步枪项目经理提交了一份非官方报告，证实了训练、保养、清洁工具和备用零件供应方面的问题。尽管1965—1966年间，并没有对越南战场M16步枪可靠性进行过数据统计，但故障率明显很高；抱怨最多、同时也是最难处理的故障就是抽壳失败。

几乎所有在越部队都接受了技术协助团队的保养指导和帮助。保养水平的提

▲ 101空降师的士兵正在维护XM16E1步枪。

升，更多维护工具的供应，以及新缓冲器的采用，使M16A1的可靠性在1967年上半年有了明显改善。1967年春，美国海军陆战队也采用了XM16E1，供应给他们在越南作战的部队。海军陆战队很快就遇到了新的可靠性问题，主要原因还是维护训练不足以及维护工具（尤其是通条和弹膛刷）不足。陆战3师师长本来在1966年11月22日通过步枪项目经理收到了USAWECOM提供技术协助团队的议案，但他否决了这项协助。

技术协助团队在1966年11月月底回国，但1967年初又被重新组建，以继续协助步枪的维护。团队发现尽管步枪的可靠性和维护水平都有了长足的提升，但抽壳失败依然是个问题。这次越南之行中，团队提出了给M16A1步枪弹膛镀铬的建议，以清除灰尘、抑制腐蚀点蚀，并方便清理更。这项建议被采纳，从1967年9月开始，所有新生产的M16A1步枪弹膛都镀上了铬。

唯一一份详细的越南战场故障数据是海军陆战队第3远征军收集的。从1967年6月开始，第3远征军每隔两周就撰写一份M16A1步枪的故障报告（见本书第200页）。尽管由于战场收集信息的困难性，很多故障都没有被报告，但这是唯一可用的数据。除此之外，1967年11月初，参谋长还主持了一次对整个M16项目的复审。11月8日，M16步枪审查小组在副参谋长办公室名下成立，他们奉命准备一次对M16项目的综合历史回顾和评估。这个审

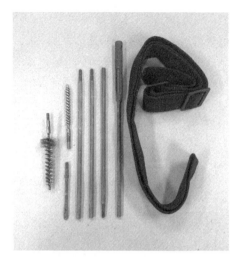

▲ M16A1步枪的清洁套件。

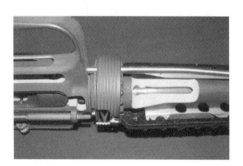

▲ 剖开的M16A1步枪弹膛。

▲ 开赴越南的美军士兵在本土训练时，经常还用着M14。

查小组于1968年1月24日—2月5日在越南进行了一次前线调查，收集关于可靠性、训练维护状况以及M16-M16A1步枪系统总体效能的数据。从报告中不难看出，M16在越南遇到的一个很大的问题就是，相当一部分士兵不懂如何进行维护，即使会维护，也经常遇到缺乏维护工具的问题。缺乏维护的步枪可靠性自然上不去，就连AK突击步枪也概莫能外。不过，这个问题在后期得到了缓解，加之生产上进行的改进，使M16A1的可靠性得到了较大提升，实际上成为一支可靠的武器。

第3远征军收集整理的M16A1步枪故障报告

时间	M16A1数量（支）	消耗弹药数（发）	总故障数（次）	每千发故障数（次）
1967年6月13日—30日	23600	未知	803	—
1967年7月1日—13日	23600	未知	132	—
1967年7月14日—8月10日	23600	未知	272	—
1967年11月19日—30日	40157	2132752	2653	1.243
1967年12月1日—15日	43177	1551369	3.629	2.339
1967年12月16日—31日	41806[a] 3795[b]	1507612 39750	151422	1.004 0.553
1968年1月1日—15日	41039[a] 3838[b]	1350765 84600	108845	0.805 0.532
1968年1月16日—30日	39416[a] 3959[b]	1498511 37800	8346	0.556 0.582
1968年2月1日—15日	40398[a] 3399[b]	1430126 48100	8335	0.582 0.104
总数（1967年11月19日—1968年2月15日）	弹膛无镀铬	9471135	10511	1.114
	弹膛镀铬	210250	78	0.371

a：无镀铬弹膛，但有新缓冲器
b：镀铬弹膛，带新缓冲器

备注1：从1967年11月19日开始，由于从战斗部队中收集信息非常困难，海军陆战队只报告5类故障：供弹失败、击发失败、抽壳失败、抛壳失败以及裂壳。因此，故障率比实际情况稍微低一些
备注2：抽壳失败及其他所有故障发生的概率都比之前测试的结果低一些

M16项目的复审审查报告

训练

1. 从美国大陆直接到越南的士兵中，23%的人表示之前没有受过正式的M16训练。从其他战区到越南的士兵中，73%的人表示之前没有受过M16的训练；

2. 虽然有24%的人到越南之前没有受过M16步枪的训练，但这个问题在近段时间应该就能得到很大改善。对调查数据的分析表明，没有受过M16训练的人数有明显减少的趋势。在1967年10月—1968年1月之间部署到越南的士兵中，只有4%表示他们没有受过M16的训练；

3. MACV（驻越军事援助指挥部）总部和USARV总部已经出台了足够多关于训练的政策、指导和指令，然而调查发现，这些指令在部队进行交替训练时并不总是有效；

4. 补给中心分部提供的M16训练有时不符合MACV和USARV的指令；

5. 不管调入越南的士兵来自哪个战区，不管部队中来越南前受过训练的人有多少，USARV的M16训练政策和流程都一样；

6. 28%的人表示他们在越南时没有受过正式的M16训练。各个部队在越南期间受过M16训练的人数相差悬殊；

7. 很多部队的军械员都没用受过M16步枪的正式训练，缺乏维护它的必要知识。因此，需要军械员修理（比如抽壳钩损坏）的步枪必须要转入更高的编制才能得到修理。军械员另外一些责任，比如定期润滑棘爪弹簧，则经常被忽视；

维护和供给

8. 越南战场上，零备件和清洁工具总体上是够用的。然而，各个仓库分配的不平衡有时会导致个别单位暂时的紧缺；

9. 对于步兵而言，通条、润滑油、刷子、清洁布等清洁工具总体上充足，步兵通常也在前线携带所有的工具。但管道清洁剂和枪管清洁剂总是短缺；

10. 士兵清洁步枪的频率是清洁弹匣和弹药频率的2—3倍。这是因为部队的维护检查不合理，即注重步枪的养护，却轻视弹匣和弹药的保养；

11. 部队的军械员经常不随部队进入前线，因此，武器的前线维修被忽视了；

12. 改装缓冲器的工作在调查时还没有完全完成。USARV部队的M16在1967年11月就全换了缓冲器，总的来说，84%的受调查士兵表示换装了新缓冲器。

可靠性和满意度

13. 抽壳失败仍时有发生，降低了士兵对M16的信任度。在接受调查的士兵中，35%在最近的4个月内至少遇到过一次这样的故障，平均每人遇到过4.8次抽壳故障；

14. 很难从数据上将抽壳故障率与可能的原因——如不良清洁习惯、过度润滑、使用者缺乏维护训练等——联系起来，这类尝试不成功。这说明抽壳失败不完全是由于用户使用不当造成的；

15. 调查中，42%的士兵表示他们至少经历过一次闭锁失败。报告遇到过这种问题的人中，平均每人遇到过5.3次；

16. 一半的人表示他们使用过辅助推机柄，69%的人认为辅助推机柄可以帮助排除故障；

17. 问到战斗中更愿意携带哪种武器时，85%的人选择M16以及其冲锋枪版本，即XM177；

18. 总的来说，越南战场上使用M16的人对其评价很高，尤其是对该枪的轻量化和火力赞不绝口。然而，很多人对M16的可靠性抱有怀疑态度（33%的人对步枪的敏感度或可靠性做出了负面评价）。

生产改进

19. 虽然镀铬弹膛实际装备的时间还不够长，没有足够的评估，但很多最近收到镀铬弹膛M16的士兵表示，新步枪比之前的版本可靠得多；

20. 士兵经常表示，想要容量大于20发的弹匣；

21. 需要储备更多武器清洁工具。调查时，步兵普遍表示携带这些清洁工具很不方便。

总体使用情况

22. 所有调查的人中，83%表示他们之前试射过。各个部队试射的方式和频率相差很大，排级指挥官比步枪班的人试射次数更多；

23. 战区内，使用M16的人中有10%从来不给他们的步枪归零。大约四分之一的人在拿到步枪时归零，之后就再也没有归零过。约半数人经常归零。USARV的季度训练要求是包括给步枪归零的；

24. 虽然携弹量差别很大，但士兵们通常会携带过量弹药，单兵携弹量从7个弹匣到40多个弹匣都有。在实际运用中，单兵日耗弹量在39—41发之间；

25. 大部分人在弹匣里装18发子弹，战区里的平均装弹量是18.3发；

26. 战区装备M16的士兵普通弹和曳光弹的总消耗比例是4:1，这个比例各部队间各不相同（在同一支部队内部，单兵的这一比例相差更大，很多人全用曳光弹）；

27. 士兵估计34%的时候是用全自动模式开火，全自动射击中又有60%是短点射。

士兵对M16步枪的评价

同样，这里援引两篇前线调查，来说明士兵如何看待M16/M16A1，看看该枪是不是真如后世所说的那样，"是将士兵置于死地的塑料玩具"。

国防部助理部长办公室下的勤务监察局（Directorate for Inspection Services, DINS）于1967年8月22日到9月6日之间，在越南进行了一项前线调查，以检验M16步枪的表现。调查组对1585名使用M16的武装人员进行了问卷调查（结果见本书第197页图表），此外，前面提到的M16步枪审查小组的前线调查也有关于士兵满意度的部分；可以看出，M16的确不像AR-15那样有口皆碑——但这不意味着

士兵们就真的那么厌恶它。该枪依然是班组火力的中坚，是抵抗AK突击步枪全自动火力的支柱。至于丢M16捡AK，那是不可证伪的传说。无人能了解到当年越南战场上数万美军的一举一动，不能说这种情况

◀ ▲ 同样，M16使用避孕套也是个无法证伪的说法。实际上，部队很快就提供了塑料枪口帽。图为1971年101空降师的无线电操控员，他的M16A1上就有枪口帽。

国防部助理部长办公室下的检查勤务局的调查结果

调查项目	是	否		不知道	
1.你在作战行动中使用M16步枪吗?	83%	17%			
2.在越南,你的M16表现好吗?	85%	13%		2%	
3.作为一款单兵武器,你喜欢M16吗?	87%	12%		1%	
4.你每天都清理M16吗?	71%	28%		1%	
5.你来越南之后,接受过M16的射击训练吗?	82%	17%		1%	
6.在越南,你给你的单兵武器归零吗?	77%	20%		3%	
7.你的步枪射击时有没有出现过故障?	没有 17%	很少 70%	很多(>10) 10%	无答案 3%	
8.你能清除故障并继续射击吗?	72%	8%		20%	
9.你携带M16步枪的清理工具吗?	69%	29%		2%	
10.你在你的部队里能获得清理材料吗?	82%	16%		2%	
11.在前线条件下,你接受过关于M16步枪维护的特殊训练吗?	65%	32%		3%	
12.你的部队会通过指挥系统进行日常的武器检查吗?	44%	53%		3%	
13.你收到最新的M16步枪润滑油了吗?	54%	44%		2%	
14.新润滑油改善M16的表现了吗?(如果你用了的话)	66%			34%	
15.你是否被要求保持弹药清洁?	96%	4%			
16.你每天都清理弹药和弹匣吗?	29%	69%		2%	
17.如果所有弹匣都预装填好,并使用一次性密封装置,会有帮助吗?	86%	11%		3%	
18.你通常在弹匣里压满20发吗?	16%	83%		1%	
19.如果你通常在弹匣里压少于20发弹药,那么你会压几发?	20发 16%	19发 10%	18发 67%	17发 6%	15发 1%
20.你使用辅助推机柄来减少故障吗?	44%	42%		14%	
21.战斗中,你通常使用M16全自动射击吗?	38%	51%		11%	

▲▼ 除了美军和ARVN，北越同样使用缴获的M16。

▲ 两名LRRP队员的合影，左边那名队员手持AK-47，右边那名队员手中拿的是M16的冲锋枪版XM177。

▲ 实际上，越南到今天还有民兵在用M16A1，这张照片摄于2013年。

就一定不存在。但是，这种说法没有任何可靠的出处。总体而言，出于各种各样的原因，M16前期声誉确实不太好，但在越南战争后期，美国士兵对M16步枪大体上还是满意、信任的。

结语

作为一款服役半个世纪、影响力还越来越大的武器，AR-15步枪毫无疑问是优秀的，越南战场上暴露出来的问题，在很大程度上并不能归结于枪本身。从M16在越南的这段经历中不难看出，再优秀的设计，走向成熟也需要一定时间。欲速则不达，还没成熟的AR-15被"一次性购买"，强行拉到战场上，当然无法发挥出

最佳性能。但经过不断改进之后，M16先天具备的很多优势就显露了出来。最后用一张LRRP（远程侦查巡逻兵）的装备照片说明问题：在越南，AK是优秀的武器，M16也是。

XM148在越南

鉴于XM148也是越南战争中M16A1步枪上常见的附加组件，这里简单介绍下XM148在越南服役时的情况。XM148是一件革命性的兵器，可以让步兵轰击手榴弹最大投掷距离和轻型迫击炮最小射程之间的敌人。然而，尽管具有开创性意义，但是它的实际作战效能很难让人满意。

在XM148之前，美军使用M79榴弹发射器。这种榴弹发射器受到了广泛好评，但榴弹手只有M1911手枪作为备用武器，且步兵班组会失去一位步枪手，从编制角度来看并不是很理想。因此，美国人开始研究将40毫米榴弹发射器挂到M16上。最早的尝试始于1963年年底和1964年初，通过一个简陋的发射器验证了可行

▲ M79榴弹发射器在越南广受士兵欢迎。

▲ M79榴弹手的全套装备，并没有步枪。

性。1964年5月，柯尔特的CGL-4被正式采用，命名为XM148。第一批将生产1764具，于1967年1月中旬交付驻越南的陆军部队。列装的部队中，一个班装备2具，一个营大约装备84具。

1966年11月，陆军参谋长助理处长办公室在XM148正式列装之前就已经安排了一部分部队试用，以收集数据，评价其在战斗环境下的表现。12月25日，USARC请求让在桢沙特别区开展作战的第199步兵旅试用并评估XM148。这次测试主要对5个方面进行了评估：

1. 这种武器对小队战术的影响；

2. 武器在战斗环境下的表现；

3. 故障率、维护难易度以及具体部件的破损速度；

4. 调查XM148作为M79的代替者是否受士兵欢迎；

5. 列装后，战斗支援步兵的负重是否在合理范围内。

调查发现，M79榴弹手欢迎将榴弹

发射器和步枪结合的概念，M16A1和XM148的组合确实可以同时提供点面杀伤能力。不过，M79榴弹手还是发现了4个主要缺点：

1. 射速和携弹量下降；

2. 发射所需的反应时间增长；

3. 榴弹手在茂密的植被中运动困难；

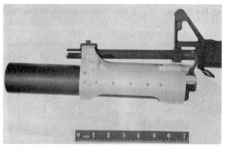

▲ 进行下挂40毫米榴弹可行性分析试验的AR-15。

▲ M16A1带XM418榴弹发射器和AN/PVS-2"星光"瞄准镜，可谓是"重型突击步枪"。

4. 需要特殊的关照才能让武器保持洁净和正常工作。

小队战术方面，大部分人反映XM148的部署并没有影响战术。

保养维护方面，使用者抱怨部分维护步骤过于繁琐：连接XM148和M16E1的小六角螺丝和锁定销很容易丢失；另外，整套系统很难清洁，螺纹容易生锈，手枪型握把容易破损。

除了这些小缺点，XM148还有两点重大设计缺陷。一是机匣后部暴露的阻铁杆和击发部件：在1967年的调查中，士兵报告说扳机可能会绊住阻铁杆，使武器无法待击。异物可能会堵塞扳机，或是填充到XM148扳机和M16E1步枪机匣的间隙中。实际上，XM148的扳机就是一根几英寸长的延长杆，环绕在武器右侧；无论是

▲ M16A1下挂XM148。

枪背带、树枝还是手指，只要卡进XM148机匣和M16E1机匣之间，武器就不能正常工作。有趣的是，尽管暴露在外的阻铁杆很不安全，但仍受到士兵们的喜爱；待击时，在阻铁杆上施加额外的力也可以击发。士兵报告说，可以通过左手拇指按阻铁杆而非右手扣扳机来击发。

二是发射管和机匣之间的连接方式。与M203不同，XM148的机匣是一根管子。发射管安装在机匣内，需要向前推动手枪型握把来开膛。士兵回忆说手枪型握把很容易损坏，握把损坏时，士兵就很难退出弹壳和装弹了。另外，机匣和发射管的接触面积很大，很容易进污物、泥浆等杂物，导致武器卡住或很难运作。不过几个月，使用XM148的部队就吵着要换回M79。

总而言之，XM148的设计过于简陋，很多地方甚至可以说是愚蠢（比如那个巨大的杠杆式瞄具），因此尽管在理念上首开先河，却不怎么受部队欢迎，很快就被撤装，重新换成M79，最后被更为成熟的M203所取代。

▲ XM148的设计不得不说是臃肿、杂乱、原始。

未能问世的致命武器
SPIW项目

AAI单头箭形弹

书接上文的齐射计划。1952年，海军研究办公室就和AAI公司签订了合同，研发一种含32发钢制小箭的12号霰弹。这款箭霰弹的测试结果很不错。但与此同时，AAI公司并只是开发箭霰弹，它还有其他一些有趣的动作。

艾尔文·R.巴尔是AAI的创始人之一，他对箭形弹概念相当痴迷；早在1951年，他就开始鼓吹单头和多头箭形弹。巴尔认为较轻的后坐力可以让射手打出精准的点射，在更远的距离上获得命中。单头箭形弹设计的基本问题是如何引导小于口径的箭形弹丸通过短而迅速的弹头行程，同时保持足够的气密性。巴尔想到了弹托：这是一种和枪管同口径、分段的塞子，可以从箭弹后面推进箭弹，或是从前面抓住弹体拉动箭弹。

AAI最初选择了推进式单头箭弹，然而采用这种构型时，发射药只能安在又长又细的针状弹丸和弹托后面，使得子弹过长。因此，AAI转而使用牵引式，使用可收缩材料制造弹托；火药燃气作用在弹托上时，弹托会将弹丸夹紧，利用摩擦力将其牵引出去。1954年，在没有军方资助的情况下，巴尔自己进行了单头箭形弹的测试。被测试结果所鼓舞后，他为自己的带弹托箭形弹申请了专利。1956年，陆军授予AAI开发单头箭形弹的合同，目标是开发一种步枪发射的型号，初速达到每秒1219米。

1957年3月，巴尔向陆军提交了自己关于单头箭形弹的报告。他提出了三种不同的设计，均为使用.22口径弹托发射10格令箭形弹，区别在于弹托的位置。巴尔称，在600米内，高速10格令箭形弹杀伤效果堪比.30 M2步枪弹，但其重量比.30-06弹轻得多；然而即使是在初期研发阶段，弹药成本和单发精度就引起了一些人的担忧。1959年1月，AAI提交了一份继续其单头箭形弹研究的提议。结果，AAI成功地收到了两份额外的军械局合同，以进行箭形弹的研究和发展。

1959年底，AAI提交了第一批单头箭形弹，以进行步兵局和北极测试。由于早期单头箭形弹的精度和标准的7.62毫米NATO弹相比并不是那么好，因此他们决定提高精度，而不是搞双头弹；不过箭形弹的弹道非常平直，366米内无须调节表尺。步兵局得出结论，认为箭形弹比6.35毫米和7.62毫米NATO弹更适合多用途手持武器（APHHW）。所有测试部门和大

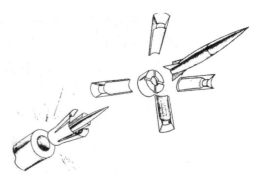

▲ AAI最早的推进式箭形弹示意图。

陆军司令部都推荐继续发展箭形弹。

这种弹便是".22口径，单头箭形弹"，该弹使用了非常独特的弹带定位、活塞式底火。活塞式底火被塞在弹底处，由弹壳外部四个凹点限制向前的运动。这款武器使用平头击针撞击底火，撞击底火后，活塞会向前运动，此时活塞前部会引发底火药，从而引发子弹击发。这样一来，膛压不仅会推动弹托和箭形弹向前运动，还会向后推动活塞一段距离。活塞由平头击针缓冲，突出弹底2毫米后，底火喇叭状的前端与弹底作用停止活塞继续运动；重量更大的击针则继续向后运动，将能量传递给枪机开锁以及自动循环装置。1960年5月，AAI的第一代箭形弹有了正式名称，即"5.56毫米XM110弹"。

▲ XM110弹。

► AAI的五管点射模拟器，比起枪，它确实更像是实验装置。

▲ 温彻斯特70型步枪。

不幸的是，AAI还没有造出箭形弹的专用武器。1959—1960年测试用的平台是温彻斯特70型步枪。为了验证箭形弹的齐射效果，AAI和春田兵工厂共同合作，搞了一款多管的"齐射模拟器"。在1961年BRL的测试中，"齐射模拟器"可以以每分钟2300发的射速射击，和M14的点射相比，其命中率高10%~270%；AAI称，在半自动模式下，模拟器的杀伤率是M14的3倍；在弹药量相同的情况下，BRL预计AAI计划中的3.5磅APHHW效力能比M14高7倍。另外一项研究，即"步枪班排最佳组合"，称班组里的每个人最好都装备一支AAI的箭形弹步枪（除了机枪手）。

差不多与此同时，军械局命令春田兵工厂和法兰克福兵工厂也开始设计箭形弹武器系统和弹药。春田兵工厂很快就拿出了两款不同的设计，还有一款"通用机枪"（UMG），用的都是法兰克福的XM144箭形弹。1961年年底，温彻斯特也收到了合同，让它的轻型军用步枪原型枪改用XM144弹。

SPIW的出炉

1962年，关于箭形弹武器的正式军用标准出炉了。然而，军械局的官员们并未满足于步枪的点杀伤能力；他们还希望这种武器能有和M79榴弹发射器类似的面杀伤能力。随着标准规格不断改动，面杀伤能力从单发改成了半自动，武器也有了一个新名字：特殊用途步兵武器（SPIW）。1962年3月最终规格确定后，高层很自信地认为，到1966年SPIW就能达到A级标准服役状态；其愿景为"给单兵提供一种可在400米内攻击点目标和面目标的武器系统"。

然而，这还只是军械局官方一系列动作的开始。1962年1月10日，国防部长罗伯特·麦克纳马拉撤销了技术勤务类主席（比如军械局主席）的职位，将他们转到受制于国会的陆军部长门下，以实现他的陆军重组计划。2月国会通过该方案后，麦克纳马拉马上授权成立陆军物资指挥部（AMC）和战斗研发指挥部（CDC）。新的指挥部立即就被提升到和CONARC同等的级别。之前独立的勤务部队（军械、化学、军需、运输和信号部队）的工作和下属单位被分配到几个主要的指挥部。勤务部队丧失了对AMC物质上的功能；对CONARC的训练功能；给CDC制定教义的功能。军械局主席和化学战争勤务部被废除了，它们的职员和工作被转到陆军的后勤副参谋长（DCSLOG）的办公室下。

8月，AMC迎来了第一位指挥官，也就是前运输局主席弗朗克·贝松中将。AMC被授权管理5个基础下属部门，包括电力、导弹、弹药、通用性和武器部；以及两个功能性部门，即供应及维护指挥部（SMC）和测试及评估指挥部（TECOM）。

不用说，之前的军械局武器委员会就是新成立的美国陆军武器指挥部（USAWC）的基础。让问题更麻烦的是，M14步枪的生产还暂停了几个月，后来订单都取消了。作为之前军械局的遗产，SPIW是其最后的一丝希望。1962年10月，42家公司听取了SPIW项目的简报，其要求为：

1. 最少携带3发面杀伤弹药和60发点杀伤弹药，而且总重不超过10磅（4.54千克）；

2. 抵肩射击时，后坐力或枪口焰不会让人不适；

3. 抛出的物件（弹托等）对人无害。

到了12月，10家公司发布了正式的竞标书。研究了两个月后，军方选中了其中4家公司。AAI和春田兵工厂之前就搞过相关工作，自然位列其中；另外两家公司是M14的制造商H&R公司和温彻斯特。不过，这并不全是取消M14的订单后给两个公司的补偿。温彻斯特之前就接到了改装轻型军用步枪的订单，此时已经造出使用XM144的变形枪，同时还在开发"软后坐"机构。温彻斯特在接到订单后，马上就问是否可以将之前项目的成果用于SPIW的开发。

大概在这时，AWC预测SPIW项目可以提早一年（即1965年6月）结束，花费约为2100万美元。武器的具体规格要求是：最少装备3发榴弹和60发箭形弹，总重量低于4.54千克。实际上，这两点预测都太乐观了，但乐观情绪依然在蔓延。1963年7月，国防部长麦克纳马拉和陆军部长赛勒斯·万斯在本宁堡参观了一次SPIW原型枪的展示。麦克纳马拉希望能生产1000支SPIW送往越南进行测试，和一年前AR-15的情形如出一辙。麦克纳马拉的跟班坦白地告诉他，对原型枪的任何大规模采购都会严重损害SPIW项目的正常运行。

SPIW一期项目

到1964年3月，也就是第一阶段完成的时候，4家公司都完成了要求的10支原型枪。AAI继续使用它的5.6×53毫米XM110弹，春田兵工厂和温彻斯特使用法兰克福兵工厂的5.6×44毫米XM144弹。H&R则将XM144的弹头装进了自己特有的弹中。

一期项目的原型枪

H&R的设计马上就被拒绝了，理由是太重，还不安全。H&R在生产M1和M14的时候就已经声名狼藉，更不要说之前在测试中生产的FN FAL（T48）；显然，新的SPIW项目也没能挽救它的名声。H&R的SPIW采用了大卫·达迪克的转膛式"开放弹膛"，只有位于上方的导气活塞前后往复运动，射速为每分钟1200发；使用的5.6×57毫米弹是一个塑料做的三角形柱，包含三发箭弹和弹托，但发射药是共用的。扣下扳机后，会同时发射三枚弹丸，之后导气管后坐带动转膛旋转，

将供弹具中的下一发弹带入，将发射完的弹壳抛出。然而，每发弹丸都需要单独的枪膛，这增加了很多无谓的重量；装满弹匣时，武器全重达到了10.84千克。更重要的是，开放式弹膛意味着承担膛压的只有塑料弹壳。初步测试就显示，塑料难当重任，击发时塑料壁直接膨胀破裂了；此时，只有一毫米厚的塑料保护测试者的脸不被炸烂，他们对此也是哭笑不得。

温彻斯特SPIW发射的是传统底火的XM144 5.6×44毫米箭形弹，从508毫米长的无镀铬滑膛枪管射出时，初速为每秒1397.5米。装满弹的武器总重为5.67千克，全自动和点射射速均为每分钟700发左右。

温彻斯特创新性的前冲式榴弹发射器是唯一一个通过一期选拔的设计，但武器的点杀伤部分无法让人满意。实际上，由于温彻斯特SPIW的射速太低，所谓的"软后坐"优势并不能被发挥出来：机匣太短，自动行程随之变短，三发点射时往往行程还没有完成，后坐组件就撞到后部，冲量就传给

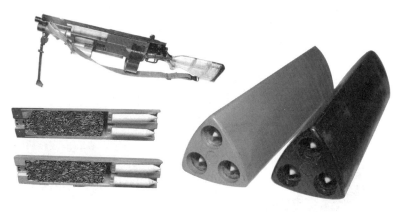

◀ H&R的SIPW
和达迪克弹，
图为演示用的
塑料弹头。

温彻斯特SPIW

▲► 右上图为温彻斯特SPIW，上图为相应的刺刀，右图XM144弹剖面。

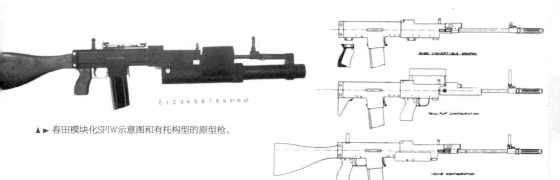

▲► 春田模块化SPIW示意图和有托构型的原型枪。

▲► 春田1964年无托SPIW和使用的并列60发弹匣。

了射手；后坐系统还大大地增加了设计的复杂性。因此，温彻斯特SPIW被抛弃了，前冲式榴弹发射器则转交给春田SPIW队伍继续开发，取代春田兵工厂自己的榴弹发射器。

上述的两位竞标者都被迅速淘汰，剩下的两位则"不相上下"。不过讽刺的是，AAI和春田一期的产品也只是很初步的原型枪，复杂程度并不亚于前两者；而且在之后的几年内，某些性能非但没有提高，甚至还有所退步。

春田兵工厂最初的设想非常新潮，采用模块化设计，可在无托和有托之间转换；到1964年正式进行SPIW一期项目时，确定只保留无托构型。阿伯丁这样描述春田1964年的无托SPIW："采用常规的导气式原理，发射XM144弹。机构的主要部分都设置在枪托内。"步枪使用弹容量为60发的双排盒状弹匣，前端回转闭锁枪机。这种弹匣设计得非常巧妙，为达到弹容量60发的要求，将两个30发双排弹匣并联在了一起（无托的布局也让步枪可以正常容纳这么大的盒状弹匣）。射击时，往复运动的枪机会先用光前一个弹匣的弹药，然后弹匣托板升起，释放一个装置，将之前被下压的后排弹药升起来，使其进攻枪机复进路线。后弹匣没有上膛抱弹口，枪机会将后弹匣最上面一发子弹带到前面空弹匣的托弹板上，再将其上膛。

主管1964年春田无托SPIW研发的设计师是理查德·科尔比先生，其实他本人并不愿意采用这种奇特的弹匣。即使是小

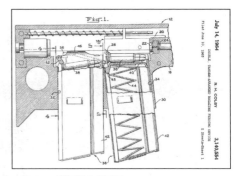
▲ 春田SPIW弹匣的专利图纸。

型的、轻量化的XM144箭形弹，往一个双排弹匣中塞60发也几乎是不可能的任务：在每分钟1700发的高射速下，想要让弹匣的下一发弹及时地升起，需要极大的簧力。在如此大簧力的顶压下，根本没有办法用手把弹匣装满。更不用说，这样的弹匣会很长很笨重，严重妨碍卧姿射击。

温彻斯特和AAI为达到60发弹容量的目标，都选择了弹鼓；然而在实施过程中，又都由于转动供弹系统中固有的摩擦力，遇到了一些新的严重问题。由此造成的供弹不可靠也是温彻斯特SPIW下马的原因之一。值得一提的是，点杀伤弹药的容弹量指标最后被定到更现实的50发，但这已经是花了整整两年完善60发弹匣之后的事了。

1964年AAI原型枪实际上就是把之前APHHW的试验枪精心包装了一番。总长1013.5毫米，空枪重4.99千克，装上60发XM110和3发40毫米榴弹后重6.03千克。AAI长457.2毫米的枪管枪口带弹托脱离器，枪口初速为每秒1469米，3发点射时

AAI SPIW

AAI SPIW 1964

AAI SPIW 1964 XM-110

▲ AAI从APHHW到SPIW的演化。

▲ 1964年AAI SPIW。

射速为每分钟2400发，也就是一秒射出40发。AAI的榴弹并没有使用半自动原理，而是选择更为简洁的泵动式原理。

一期项目结果

本宁堡于1964年4月到8月中旬对几款SPIW进行了射击测试。根据这个测试以及阿伯丁试验场检验的结果，军方得出了一个很有趣的结论。陆军武器指挥部仍然坚持SPIW概念的合理性，SPIW的设计师们虽然都注意到了其中的问题，但还是接受了这一点，绝望地权衡各种指标。然而，测试团队还是在测试中找到了各种各样的问题。到1964年11月测试结束时，有一件事是确定的：翌年6月列装SPIW的美好愿景已经被扔进了垃圾桶。贝松将军估计SPIW的定型要推迟到1967年1月；陆军研究与发展主席威廉·迪克中将更是估计，SPIW要到20世纪70年代初才能列装。二期项目原来的目标是对一期项目中成功的竞选者进行一次短期的全规格工程开发，然后就小规模生产给部队使用。显然，现在这个目标也完蛋了。

当年夏季对XM110和XM144进行了大规模生产模拟，发现还没有什么很经济的方法能生产出足够数量的箭形弹。承包商抱怨道，为了保证质量，生产和组装每个组件时都要特别小心。这意味着生产弹药时要引入很多高成本且难以检测的手工工序。

春田SPIW被认为是最可靠且精度最高的；AAI的SPIW则最轻、最简单，耐久度最好。但总的来说，最好的两种SPIW设计（春田和AAI）也都还不能让人满意，问题集中在三个方面：可靠性差，耐久性差以及重量超标。

在耐久性方面，恼怒的设计师们不厌其烦地给顽固的AWC测试官员解释，要想达到他们的重量指标，这把复杂的武器能想到的地方都得进行减重。然而最后，没有一款SPIW在点杀伤和面杀伤兼备的情况下，将重量控制在了4.54千克以内。随着项目的继续，这个重量指标干脆被无视了，大家选择把SPIW两套系统的重量分开来讨论。

SPIW二期项目

一期测试中发现了SPIW很多意想不到的特性，现在这些特性已经变成了AAI研究的科目。AAI的工程师坚信，只要再多给一些时间和研发费用，就能搞出有效的补救措施，AWC接受了他们的看法。

1965年3月，美军进入南越地区作战。AWC随之通过了重新调整过的为期35个月的SPIW二期研发计划；AAI和春田都会研发并制造10套第二代武器系统。和一期不同的是，SPIW达到A标准服役状态的时间被定在1968年3月，也就是推迟了近三年。新计划另外有趣的一点是，陆军否决了无托的概念，也就是春田1964年的设计；甚至像AAI早期型号那种有单独手枪型握把的设计也被否决了。从此，所有提交的SPIW外形都和AWC所想的那样，与传统步枪（比如M14）相似，或者说与1964年温彻斯特的SPIW相似。

春田让XM144达到初速要求时遇到了很大的困难，实际上两家可能都没有达标过。因此，进入二次测试前，两家竞争者都重新设计了弹壳，增大了装药量。由此，

▲ XM216弹。

春田的XM144弹变成了更胖的XM216弹，两者用的都是"FAT186E1微型底火"。AAI则将自己的XM110弹换成了稍长一些的XM645弹，但箭形弹和弹托还是保留原有标准

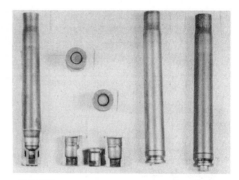
▲ XM645弹。

款式。同时，AAI研发了一种创新性的整体式活塞底火，取代之前更复杂、更昂贵的第一代多部件式底火。AAI的整体式活塞底火也是SPIW项目值得一谈的成果之一，它运作的时候不需要底火砧座。其他的底火，不管是博克塞式、布勒姆式还是伯尔丹式，其核心原理都是让易爆化合物撞击底火砧座进行引发，而新的AAI底火设计中没这种底火砧座。

有趣的是，没人确切地知道AAI无砧座底火的运作原理。有些人认为活塞被压入时，XM645那三倍于寻常底火的底火药会部分漏出，然后在摩擦力的作用下引燃，就像划火柴那样。该弹生产时，底火药被压得很紧密，图纸中有条注释写道："底火药要在每平方厘米9.07吨到12.09吨的压强下压实。且压实过程中，不得改变活塞式底火的大小。"还有些人则认为它是将前部约束卡圈作为底火砧座；另一些人则认为击针撞击底火时，特殊压缩过的发射药颗粒是通过粗糙或加细螺纹的底火帽的内壁来引燃自身的。

▲ SPIW使用的5.56毫米箭形弹，从左到右分别是：XM645、XM144和用M193弹改装的XM215箭形弹。

► ▲ ▼ 春田二期SPIW和使用的聚碳酸酯弹匣。

为了让自己的SPIW更适应传统的生产线，AAI开设了一条模拟大规模生产组装线，来生产130000发改进版XM645活塞式底火弹。AAI二期弹药和新的整体式底火的合同，交由加拿大政府位于魁北克的领地兵工厂的弹药工厂（底标为DA 65）。

春田兵工厂最后的SPIW

1966年春田SPIW总长101.6厘米，仍在长度限制范围内；使用法兰克福兵工厂的XM216弹；60发点杀伤弹弹容量的指标依然没变。如上文所述，其换用了温彻斯特的榴弹发射器，使用的是预装填的一次性弹匣。由于陆军坚持很难实现的两套系统共用扳机，因此连接机构非常复杂，继而导致发射榴弹时扳机力高达11.34千克。另外，由于不能再使用无托布局，因此无法沿用1964年无托SPIW的前后并列双弹匣。同样，两个30发弹匣并联而成的新弹匣也是绝境中创意的表现，这种弹匣由聚碳酸酯制成。春田1966年SPIW的初级操作和维护手册（POMM 1005-251-12）这样描述这种弹匣特殊的运作机理：

弹匣插入弹匣井后，左侧的弹被弹堆释放机构压住，右侧的弹可以正常地升到进弹位置。右侧弹匣最后一发弹上膛后，其弹簧驱动托弹板，升起左侧的子弹锁止器，使其通过导气杆的通路。弹膛中的子弹被击发后，导气杆向后运动时，它会将锁止器掰向左侧，释放左侧的弹药，使其能经过上弹通路。

虽然兵工厂的团队在SPIW项目上投入了心血，但由于兵工厂关闭在即，因此二期设计中依然能明显看到时间紧迫和资金缺乏带来的影响。

AAI第二代SPIW

由于是AAI最早提出箭形弹的概念，

其SPIW设计也是四家竞争者中延续最久的。因此，AAI对自己的设计满怀信心。春田第二代SPIW有一些紧急赶制出来的新元素，还未经受检验。而AAI大部分是对之前设计的细化优化，在这之前就有很多数据经验的积累。由此，在一期样枪的基础上，AAI二期SPIW主要是重新设计了一个的聚合物枪托。此外，由于XM645弹比XM110弹长4毫米，因此AAI的1966年SPIW弹鼓和自动机构也稍长一些。

此外，为了解决一直困扰他们的重量问题，AAI开发了DBCATA（一次性发射管和弹壳面杀伤弹药）榴弹。这种榴弹的弹壳同时充当弹膛和发射管，是一块复杂且相对昂贵的铝合金一体成型件。另外，

▲ AAI第二代SPIW和DBCATA榴弹。

▲ 40毫米 DBCATA榴弹。

该弹还有一个类似风箱的折叠部分，可以在发射时封锁推进气体，因此发射时噪音和枪口焰都很小。有趣的是，这款榴弹的底火和XM645是一样的。

1966年10月31日，本宁堡的步兵局开展二期工程设计测试。这些测试（或者准确地说是对比评估）用一个词来形容就是"灾难"。两款原型枪可靠性依然很差，重量都不达标，之前遗留的大部分问题也没有解决。SPIW项目最大的问题依然是人类几乎无法达到的变态指标。然而，AWC从来都不承认这一点，甚至也从来不从外人的角度来考虑。步兵局1966年的SPIW对比评估报告依然很明确地指出，技术鸿沟过大，根本无法跨越。

和1964年一样，SPIW二期测试结束后，能得出的结论也只是"现阶段无法接受任何一种武器概念"。AAI的SPIW被认为是两者之间较好的一种，但这只不过是春田兵工厂被关闭后的无奈之选罢了。

之前在1966年11月，步兵局正式建议陆军参谋长彻底修改SPIW项目，将其降为一个探索性项目交给AAI。11月7日，参谋长办公室由此宣布将SPIW项目从全规格工程研发重新定位为探索性研发，也就是说SPIW未来会是一个扩大化的轻兵器研究与发展长期项目。这份备忘录还宣布柯尔特XM16E1正式列装美军，除欧洲战区外将全面部署。陆军彻底倒向M16后，对SPIW的紧迫需求实际上也不存在了。对于SPIW来说，二期项目的失败标志着其"养尊处优"的待遇一去不复返。

柯尔特罗伯特·E.罗伊的个人调查

不管二期测试的结果如何，春田兵工厂都不会得到任何后续资金——国防部长麦克纳马拉宣布将关闭春田兵工厂。但与此同时，AWC还在找民间公司接手春田SPIW的开发。因此，尽管1966年评估仍在进行，当年10月还是在本宁堡召开了一次会议，向几家有兴趣接手春田项目的公司的代表展示了二期SPIW。

AWC这次展示的真正重点在于，它给了很多有资格但没有门路的外人第一次接触SPIW项目的机会。参加者中就包括罗伯特·E.罗伊先生，也就是柯尔特工程项目经理。随着美军在越南投入越来越多的M16，柯尔特公司自然比任何人都不愿看到SPIW成功；因此，他们马上就对此提起了兴趣。况且，发射常规5.56毫米弹壳箭形弹的武器柯尔特已经有了，例如实验型的滑膛M16。

因为有保密条例，步兵局不能如实告知SPIW的指标和试验结果，但柯尔特并不需要知道那么多：罗伊先生只想知道几款SPIW的外观和自动原理。其核心问题在于，SPIW还要多久才会取代M16。罗伊先生马上就发现根本没有必要忧虑，他很自信地向上级写道：

……在我看来，SPIW系统还远远未到可投入实际运用的地步。要想把"一种东西解决所有问题"的思路用在武器上，存在很多不可逾越的鸿沟，一些要求和另一些实际上是相互矛盾的。

……箭形弹击中肉体或者骨头时，有弯曲并翻滚的趋势。这种属性让这么小、这么轻的弹丸具有杀伤力。箭形弹翻滚时，其杀伤力堪比7.62毫米NATO。但箭形弹不总是能翻滚，它没能翻滚时，其停止力会极差，敌人可能都不知道自己中弹了……

为了让SPIW弹药尽可能轻，弹壳被造得尽可能的小，有必要使用燃速相对较低的发射药，以获得能量来达到足够的初速。因此，子弹出膛时仍有很高的膛压。我估计出膛时的膛压仍有25000磅/平方英寸（合每平方厘米1.76吨）。

这种武器的枪口焰和噪音水平肯定远超M14和M16，至少和没有消焰器的M16突击队员型冲锋枪相当。我试射了AAI的武器，没有耳塞绝对是令人不舒服的。

现在的计划是1968年初完成设计，1969年开始生产。看了现有器材，观察试射并亲自试射后，我根本不相信这个时间表有可行性。SPIW现在还在开发中，至少还需要一次完全重新设计并解决一些基本问题，才能正式作为成军用武器来考虑。

AAI XM19可控点射箭形弹步枪

但不管怎么说，AAI还会在未来的几年里继续开发，当然经费主要是由公司自己出。1967年AAI名义上自由的改进合同取得了有限但令人鼓舞的成功，让陆军提起了短暂的兴趣，他们授权于1968财年额外提供50万美元，来推进箭形弹生产性的研究。军方归还了两把SPIW二期的原型枪，以进行进一步改装和试验。1967年11月，AAI开始正式的工作。

陆军与AAI的四期可控点射箭形弹项目于1968年10月正式生效。地面试验暂且定在1970年4月，届时新的SPIW会和M16A1在模拟战斗环境下比较。陆军武器指挥部于1969年1月21日向公众证实了授予AAI合同一事，具体叫法是"对特殊用途单兵武器以及配套弹药的进一步发展"。短短6个月后，武器指挥部宣布阶段二原型枪正在制造中，现在官方称呼为"XM19，5.56毫米，底火后坐式，箭形弹"。这是所有SPIW原型枪中唯一一款被赋予XM编号的，具有很重要的意义，标志着SPIW离成为军队下一代步枪系统进了一步。

AAI SPIW的点杀伤能力指标是以每分钟2400发的射速可控点射10格令箭形弹。理论上可以通过箭形弹后坐力小的特点，实现致命的、非常紧密的点射散布，其后坐冲量特性比M16全自动射击时要好得多。法兰克福兵工厂的人体工程学实验室（HEL）进行过一次比较测试，几种标准武器的典型后坐冲量见下表。

▲ XM19步枪和30毫米榴弹发射器。

然而这么轻的弹头要想有足够的杀伤力，枪口初速得达到每秒1463米，这就要求膛压必须达到每平方厘米4.9吨。在完善武器，试图达到这个膛压和初速的疯狂尝试中，很多人前赴后继地失败了。新技术的问题并不是一开始就能被发现的，讽刺的是，这些问题还因为工程技术的不足而被放大了。搞SPIW之前，人们根本就不会想到这类问题——过热、腐蚀、枪口焰、组件过载以及箭形弹的复杂性。随着项目的进行，人们发现在有限的时间和资金下，最后一道鸿沟是无法逾越的。

几种标准武器的典型后坐冲量

型号	后坐冲量（磅/秒）
7.62毫米NATO M14	2.65
.30 M2 卡宾	1.18
5.56毫米 M16（带枪口装置）	1.16
AAI SPIW（无枪口装置）	0.65
AAI SPIW（带枪口装置）	0.39

如果真有什么可以拯救SPIW项目的东西，那一定是AAI的改进型XM19步枪。然而，一些人已经开始对项目产生怀疑。1969年7月30日，众议院的国会议员理查德·L.奥廷格给美国总审计长写了一封正式的信。那时，美国总审计署已经开始调查未来步枪项目。奥廷格先生在信中写道：

▲ XM70及其使用的4.32×45毫米弹。

……这封信是关于AAI公司正在给陆军部开发的特殊用途单兵武器……据我所知，经历7年的研究和发展，并花费了2000万美元后，SPIW还是不能投入生产使用。我进一步了解到，现在还发现了5处工程缺陷，预测至少还要花12—18个月来解决这些问题。

我希望你能告诉我解决这五个问题还要花费多少，以及是否还会在研究和发展上投入资金；还有，为什么这种武器会被优先发展，什么时候我们的武装力量才能用到SPIW？

讽刺的是，那时AAI的武器实际上仍在完善中，尽管XM19正在不断接近它宏大的目标，但自1967年以来的好运气似乎已经用完。1973年年底，美军退出越南，这使得所有紧急的、大规模的新式单兵武器研发计划都没有了必要性。轻兵器研究、发展和工程方面投入的资金迅速下滑，这给最后的SPIW研发蒙上了一层不祥的气息。更糟糕的是，参加XM19测试的部分士兵开始抱怨身体不舒服，报告甚至传到了陆军军医署长手中。这些症状包括严重的恶心，发炎甚至是眼部损伤，显然是箭形弹玻璃纤维弹托的碎末所致。

尽管有各种阻碍，但AAI依然在1972年收到了开发一份简化型XM19的合同，也就是XM70。此外，皮卡汀尼兵工厂还设计了一种实验型30毫米榴弹，希望比现有的40×46毫米榴弹系统更轻，但为时已晚。岩岛兵工厂的陆军军备指挥部准备的RD&E实验室1974财年状况报告认为：

1973年12月，决定在未来步枪系统（FRS）项目中排除箭形弹。因为其问题似乎并不能在短时间内解决……

由此，未来步枪系统重点将移到微口径上，而AAI直到1974年5月才提交自己的XM70原型枪进行测试。更糟糕的是，1974年10月，唯一一支XM70原型枪在阿伯丁的人体工程实验室试射时，使用法兰克福兵工厂早期的4.32×45毫米XM16E1弹打了一个6发点射后就无法运作了。尽管AAI后来还是拿到了合同，但微口径又出现了污垢过多、过热、弹头稳定性不足等问题；而且，尽管安装了枪口制退器，还是出现了上跳过大的问题。

就这样，轰轰烈烈的箭形弹SPIW项目，以转化成微口径FRS的形式结束了自己的一生。

《世界军服图解百科》丛书

史实军备的视觉盛宴
千年战争的图像史诗

欧美近百位历史学家、考古学家、军事专家、作家、画家、编辑集数年之力编成。

英国、美国、德国、苏联及其他盟国与轴心国

第二次世界大战
军服、徽标、武器图解百科

二战时期诸多参战国军队制服及相关装备的专业指南，战场上的
制服、装具、武器、徽标、战场地图、作战计划